中国传统服饰文化与工艺丛书

福建霞浦畲族服饰文化与工艺

张娟　袁燕　著

中国纺织出版社

内 容 提 要

福建霞浦县是畲族的主要聚居地之一，霞浦畲族人民创造了具有鲜明特色的区域性民族文化，而服饰文化是福建畲族的典型代表类型。本书主要内容是围绕霞浦畲族服装的种类、造型、色彩、装饰、结构及传统工艺展开，目的是为霞浦畲族服饰文化的研究提供相对直观和准确的研究资料，让更多的人了解霞浦畲族的传统服饰文化，填补系统研究畲族"非遗"服饰文化的空白。

图书在版编目（CIP）数据

福建霞浦畲族服饰文化与工艺 / 张娟，袁燕著. —
北京：中国纺织出版社，2017.11
（中国传统服饰文化与工艺丛书）
ISBN 978-7-5180-3474-1

Ⅰ．①福… Ⅱ．①张…②袁… Ⅲ．①畲族—服饰文化—研究—福建 Ⅳ．①TS941.742.883

中国版本图书馆CIP数据核字（2017）第068612号

策划编辑：陈静杰 王 璐 责任编辑：杨 勇
责任校对：寇晨晨 责任印制：王艳丽

中国纺织出版社出版发行
地址：北京市朝阳区百子湾东里A407号楼 邮政编码：100124
销售电话：010－67004422 传真：010－87155801
http://www.c-textilep.com
E-mail:faxing@c-textilep.com
中国纺织出版社天猫旗舰店
官方微博 http://weibo.com/2119887771
北京市雅迪彩色印刷有限公司印刷 各地新华书店经销
2017年11月第1版第1次印刷
开本：889×1194 1/16 印张：8
字数：87千字 定价：78.00元

凡购本书，如有缺页、倒页、脱页，由本社图书营销中心调换

　　畲族具有悠久的历史，是中国东南地区人口最多的一个古老的少数民族。全国畲族人口约有70万，其中约52%的畲族人口散居在福建，位于福建东北部宁德地区的霞浦县、罗源县和福安县是畲族的主要居住地。唐末五代至明清，畲族开始持续不断地从闽、粤、赣三省交界的原居住地向福建闽东地区迁徙，并大量定居在霞浦等地的山区。霞浦畲族长期与汉族交错杂居，在被汉族文化汉化的过程中，仍保留着具有鲜明特色的民族文化，形成了独具地域特色的霞浦式畲族服饰子文化，是福建畲族服饰文化的典型代表。借此，本书选择霞浦畲族作为研究点，突破以往相关研究的局限性，力求从霞浦畲族服饰的发型、头饰、配饰、图案、结构、工艺等方面，展开全面深入且具体的研究，并在此基础上探究霞浦畲族服饰更深层次的文化内涵及其表征。

　　霞浦畲族传统文化底蕴深厚，有着鲜明的民族和地域特色。服饰文化作为民族文化的载体和重要组成部分，集中体现了霞浦畲族传统文化的精髓，直接、具体地反映了民族意识和文化特质。霞浦畲族服饰文化正是在漫长的历史进程中逐渐积淀、发展而来。霞浦溪南镇白露坑的半月里，是畲族聚居的村庄，有着近400年的历史，是目前我国保存畲族历史文化遗产最为完整的村落，被誉为"畲族历史发展的活化石"。2012年被国务院列为第一批国家级传统村落，2014年被国务院、住建部列为第六批中国历史文化名村。半月里村民雷其松多年来走遍附近畲乡，收集了600多件畲族的古旧用品和当地的多种传统服饰，利用自家的宅基地，创办了"畲族民间博物馆"。2012年10月，笔者随曾凤飞老师及其设计团队去霞浦考察。走进半月里畲族村，第一次感受到这个民族服饰文化的魅力，直接感受到霞浦畲族服饰具有深入研究的价值和意义。回来后，又查阅了许多相关资料，感觉现有资料对畲族人文研究的重点主要局限于族源、历史、习俗等方面，而对霞浦畲族服饰的研究却很少，已有的资料也不够全面和详细。2013年4月，"福建霞浦畲族服饰及传统工艺研究"项目有幸入选"清华大学艺术与科学研究中心柒牌非物质文化遗产与保护基金项目"，就此展开了对霞浦畲族服饰的调查与研究。

在两年多的时间里，笔者带领项目组成员，先后十几次对霞浦畲族村庄进行走访与调研，本书中所采用的资料和图片基本都来源于田野考察。畲族没有自己的文字，因此如植物染等传统技艺已经流失。由于现代经济和科技的发展，如今绝大多数畲族村民在日常生活中都穿着现今流行的服装，只有上了年纪的老妪还穿戴着本民族的服饰。霞浦畲族传统服饰文化的生存环境已今非昔比，霞浦畲族服饰的传统制作技艺也面临着失传的危险。出版本书的目的是想借媒介的形式，通过书中的文字和图片宣传畲族服饰文化，让更多的人知道、了解和喜欢畲族服饰文化，从而在一定程度上对霞浦畲族服饰文化起到记录和保护的作用。截至目前，霞浦畲族服饰文化虽然引起了当地政府的重视，但还未正式纳入市级、省级非物质文化遗产名录及其保护体系中，但畲族服饰文化之于畲族民族文化的关键性和重要性，决定着这一天迟早会到来。

笔者自觉田野调研还不够充分，加之各方面条件所限，本书在某些方面仍存在不足之处，望同行和相关专家多多指正。

2016年12月

目录
CONTENTS

目录

CONTENTS

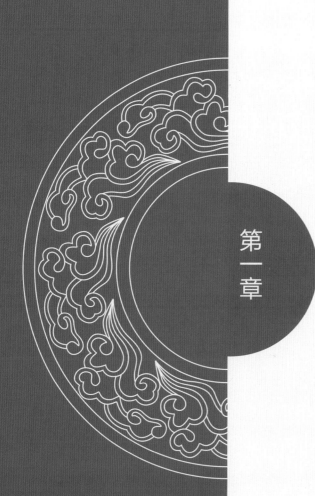

CHAPTER

1

第一章

霞浦畲族服饰概述

第一节

霞浦畲族服饰的文化背景

一、霞浦畲族服饰的分类及地理分布

霞浦现有盐田、崇儒、水门三个畲族乡，溪南白露坑、盐田南塘、崇儒上水、水门茶岗是霞浦畲族最为集中的聚居地。经过对霞浦县东部和西部的几个畲族村子的实地调查，霞浦畲族服饰包括东、西路两式。以霞浦县城关为界，分布在霞浦县城关西部的畲族人的服饰传统上统称为"西路式"，分布在霞浦县城关东部的畲族人的服饰则统称为"东路式"。霞浦东、西路式畲族服饰之间存在着一定的差异。其分布范围是基于地理方位上的划分。以下是霞浦东、西路两式畲族服饰的分布概况。

西路式畲族服饰是霞浦畲族服饰传统的代表服式，主要分布在崇儒、盐田畲族乡和溪南镇。崇儒、盐田畲族乡地处霞浦县境内西北部山区，彼此相接，下辖共49个行政村，其中有上水、西胜等14个畲族行政村，总人口约5.4万人，其中畲族人口约1.2万人，约占崇儒、盐田畲族乡两地总人口的22%；溪南镇位于霞浦县西南部山区，畲族人口约3480人，约占全镇总人口的8.9%。据当地畲族诸姓谱牒记载，自明代初年后，畲民相继进入福宁境内（今霞浦县）西部、中部山区，至民国才停止迁徙活动，以血缘关系为纽带逐渐形成一个个小村落，民族传统文化底蕴较深厚。

东路式畲族服饰主要分布在水门、牙城、三沙等乡镇的畲族村。水门、牙城、三沙均位于霞浦县境东北部，下辖76个村民委员会，其中有茶岗、大坝等15个畲族行政村。人口共约10.2万人，其中畲族人口约8550人，约占总人口的8.4%。穿着东路式畲族服饰的人口较少，分布也较分散，民族文化受汉文化的影响较深。

二、霞浦畲族服饰的差异及成因

霞浦有着1700多年的置县历史,是闽东最古老的县份。据《霞浦县志》记载,晋太康三年(公元282年)建温麻县,其管辖范围包括现霞浦、福安、福鼎、宁德等地,隋开皇九年(公元589年)被并入原丰县;唐长安二年(公元702年),在原地界上设置长溪县,县政府在今松城岭尾庵(今霞浦县城西郊水泥厂),至元二十三年(公元1286年)改长溪县为福宁州,后经历几百年的发展变化,至清雍正十二年(公元1734年)升为福宁府,郭县(今霞浦县)为府衙所在地。乾隆四年(公元1739年),从现霞浦县划出劝儒乡的望海、育仁、遥香、廉江四里分置福鼎县,隶属于福宁府。在历史上霞浦县位于福宁府的西部,是福宁府的政治、经济、文化中心。霞浦人至今还以霞浦县悠久的历史为荣,对于曾经的辉煌念念不忘。现在走在霞浦县城的大街上,经常可以看到以"福宁"或"福宁府"命名的旅店、餐馆和商店。历史的发展和积淀,常常会带来一些约定俗成的事物,其中有客观条件的必然性,也有人为因素的偶然性。一些称谓也由此被固定并传承下来,一直延续至今。在历史上,因现霞浦县、福鼎县分别位于福宁府的西部和东部,故在传统上霞浦畲族服饰被称为"福宁本州西路式",而福鼎畲族服饰则被称为"福宁本州东路式"。其实,这两路式在历史上共同分布于霞浦县境内的东、西部区域内,后因霞浦县东北部分地区被分置为福鼎县,原本属于霞浦东部的部分畲族聚居地随之也被划归至福鼎县,所以现福鼎式畲族服饰与原霞浦县东部畲族传统服饰基本是一致的。

唐末五代,畲族开始从闽、粤、赣三省交界的原居住地向福建闽东地区迁徙,至明清时代,迁徙活动相当频繁,"畲族已散处在几乎遍布福建全省的山区",并大量定居在霞浦等闽东地区。厦门大学蒋炳钊教授所著的《畲族史稿》一书中,对畲族迁徙的特点进行了分析和总结:都是自发性的局部一家一户或几家几户,从一个地方往一个地方逐渐进行的,时间延续很长。他们都避开人口稠密的汉族聚居区,向人烟稀少的山区寻找安身之地。这种迁徙的特点,致使现在畲族居住形成"大分散,小聚居"的格局。"地理、地形、气候不仅是人类赖以生存与发展的必要条件,也是文化形成与发展的重要基础"。由于古代落后的交通和通信的限制,造成畲族居住范围的地理隔阂,导致这些分散的畲族定居群之间很少联系甚至断绝联系和交流,由于每个定居群在政治(包括宗族关系)、经济、文化上的密切联系,构成了一个个相对独立的文化圈。这些文化圈中的定居群又同所在的以每一州、县城为行政中心的区域地方性汉文化圈发生这样或那样的联系，从而在畲族母文化体系下，产生了包括服饰差异在内的地方性文化分支，亦可称谓为子文化。霞浦东、西路式畲族服饰虽然同属于同一类型，但在霞浦县境内，属于东路式畲族服饰分布区域的长湖、大坝村，与西路式畲族服饰分布区域内的八斗坝村，虽然其直线距离不超过十里，但之间却横亘着海拔近千米的玉山山岭。除此之外，还有一条名为罗汉溪的河流横穿霞浦东、西部之间，河流湍急，地势险峻。在水门乡大坝村实地考察时，大坝村书记雷成耀曾说：罗汉溪以东的畲族服饰叫东路式，其西面的畲族服饰叫西路式。这虽然只是在民间流传的说法，却反映了地理空间隔离作用的巨大性。首先，在人的心理和意识上造成了彼此之间的距离和陌生感，最重要的是在某种程度上限制了人类群体之间的物质和文化交流（包括服饰文化），从而形成了相应程度上的文化差异，这种差异又通过服饰等物质形式为载体具体地呈现出来。另外，霞浦东部的水门、牙城、三沙（东路式畲族服饰分布区域）相互连接，毗邻浙江省温州，受汉文化的影响较深。综上所述，由于霞浦县境内特殊的地理环境，在漫长的迁徙、散居历史进程中，霞浦畲族服饰由于地理的隔阂而产生的局部性变异，逐渐形成了霞浦式这同一类型畲族服饰文化下的东、西路式两个分支，也造成了两者之间服饰的差异。

三、霞浦畲族的图腾信仰

畲族没有自己的文字，畲族人以小说歌❶民族传统艺术形式和服饰中"以纹代文"的特殊表现方式，一代又一代地传承着共同的民族记忆，成为畲族民族历史和文化的重要载体。在霞浦半月里村（西路式）和茶岗村（东路式），当地畲族人都称自己的服装为凤凰装。畲族世代广为传唱的小说歌《三公主的传说》中描述：相传畲族始祖盘瓠因平番有功，高辛帝招他为驸马，在他与三公主启程远去凤凰山开创祖业之际，帝后娘娘把一顶神圣珍贵的凤冠和一件镶有珠宝的凤衣赠予三公主，并交代让此宝物在他们的子孙中代代相传，代表着他们永远是高辛王御封过的高贵民族；王逸《离骚》注："高辛，帝喾有天下号也"；《吕氏春秋·古乐》云："因令凤鸟天翟

---

❶ 畲族小说歌：发源于福建省霞浦县溪南镇白露坑村。内容丰富，形式多样，语言明快，音韵和谐，不用典故，不事夸张和粉饰，融叙事、咏物、抒情为一体，朴实真切，是畲族歌谣中的精髓，也是畲族最具代表性的文化表现形式和闽东地区最有特色的艺术类别。2006年5月20日，畲族小说歌经国务院批准列入第一批国家级非物质文化遗产名录。

舞之。帝喾大喜。"这些史歌、史料记载和畬族祭祀用的祖牌、祖图都很好地证明了高辛时期有凤鸟崇拜之习。借此，凤凰装起始源于高辛时期凤鸟图腾崇拜。在凤凰装中处处体现出原始图腾崇拜的信息："衣裳斑斓"古老形制的遗留、抽象的仿凤造型以及普遍的古朴抽象的凤凰纹样。畬族史歌《高皇歌》中畬族祖先盘瓠是由一只五彩神犬变身而成的，因此犬就成为畬族崇拜祖先的图腾（盘瓠图腾）。后受汉族文化的影响，畬族文化在汉化的过程中，畬族人提出了龙麒是祖先图腾，逐渐以鱼身龙首的鳌鱼代替了犬，成为畬族特有的龙图腾。象征盘瓠的龙纹是凤凰装最常见的主题纹样之一，并与凤凰等纹样组成具有吉祥寓意的纹饰，如"龙凤呈祥""双龙戏珠""鳌鱼浮亭"等。在东、西路式畬族服饰中，几乎每一件上都有龙和凤凰的纹饰，尤其是"盘瓠变身""龙麟娶妻"等场景纹样更是直接表达出畬族世代传承的独特的图腾信仰。

第二节

霞浦畬族服饰概貌

一、霞浦畬族妇女服饰概貌

　　霞浦东、西路式畬族妇女服饰从头到脚都模仿凤凰的造型，当地畬族人称之为"凤凰装"（图1-1）。高仰的凤凰髻象征凤头；上衣领和前襟上绣有色彩斑斓的动植物纹样，与凤凰美丽的脖子、身体和羽毛相契合；腰间下垂挂的织带好似凤尾；绑腿和绣花鞋显然是凤腿的再现。上衣传统样式为古典右衽大襟式小袖衫，在前大襟、领口开衩处分别装饰着寓意丰富的手工刺绣纹饰，领口钉有一字扣，右衽角至腋下处用布条系绑，两侧衣衩内缘和袖口内有滚镶添条（类似于衣边的滚条），袖口卷折外翻，内衬过肩，没有口袋，内衣是红色或蓝色的兜肚，俗称"肚仔"（图1-2）。肚仔下端缀有心形补绣手法的图案。围裙是霞浦东、西路式畬族服饰的重要配饰，由裙头、裙身和裙带组成。裤子为黑色的阔腿裤。

福建霞浦畲族服饰文化与工艺

（a）东路式凤凰装

（b）西路式凤凰装

图1-1　畲族凤凰装

006

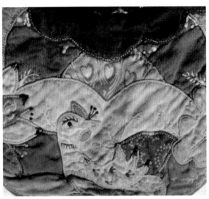

图1-2　肚仔

　　婚礼时，霞浦畲族女性的"凤凰装"装束为凤凰髻上戴凤凰冠，上身穿绣有凤凰等纹样的花领衫，一律内搭白衬衫，过膝大裙（图1-3）。霞浦畲族女性的传统婚礼服式简洁朴实，装饰纹样较少，不系衣领部纽扣，露出里面的白衬衫。相传唐朝陈元光率军镇压漳州、潮州畲民反抗，强迫当地畲女嫁给汉族士兵为妻，为追念自己被杀害的亲人，结婚这天畲族女子均内着白衬衫，表达内心的愤恨与悲伤。这一婚礼习俗，一直延续至今。霞浦畲族妇女按当地风俗，均着嫁衣入葬。

图1-3　婚嫁服饰

二、霞浦畲族男子服饰概貌

霞浦畲族男子服饰没有东、西路式之分，男装样式朴素单一，基本上与汉族男装无异。他们多穿"短服""褐衣"（图1-4），色以靛蓝或青（黑）为主，有些还搭配白色龙头布或扎蓝印花布头巾。霞浦畲族男子具有代表性的服装款式为"短衣"，即青蓝色或蓝色棉布面料缝制的布衫。其款式为对襟、圆领，领口处用蓝棉布滚镶，两肩内衬棉布"搭肩"，胸正中开襟，直排布纽扣（或铜扣）5对，胸襟两旁及袖口处均有红、黄各色宽1cm左右的色边。畲族男装中马甲也是颇具特点的式样（图1-5），立领、窄肩、无袖，衣服外形呈上窄下宽的长梯形状，领口左右各有一枚银扣，领口下至衣服中部整齐分布四排布扣，下半部则无扣。夏季男子多穿苎麻布衫，搭配棉或苎麻布短裤，冬季穿棉长裤，传统式样均为直筒便裤。男子结婚礼服以青黑色、青蓝色为主，亦有灰色，多为素面，有些胸前刺绣方形盘龙图案，领口用蓝棉布镶边，长衫四周滚镶红、白相间的添条。畲族男子入殓时所穿的寿服是他的婚礼服，但不披红绸布，即"死人扮礼身"之风俗。畲族男子的殡葬寿服一般分为两种：祭过祖的男子，过世后身上穿红色长衫，名为"赤衫"；传宗接代的男子死后穿青色布长衫，叫"乌蓝"。"赤衫""乌蓝"寿服是子女早准备好的，在父母50岁及以后的大寿中作为寿礼送给父母。

图1-4　褐衣

图1-5　马甲（拍摄于宁德市畲族博物馆）

CHAPTER

2

第二章

霞浦畲族妇女的
发型与头饰

第一节

西路式畲族妇女发型与头饰

一、西路式畲族妇女发型与头饰概述

霞浦西路式"凤凰髻"以凤凰的整体形态为模仿对象。已婚女子"凤凰髻"为挺拔的高髻，云髻高鬓，整个发髻昂扬屈曲、独具一格。发髻整体造型呈锥形，脑后有尾形造型，额前刘海儿横向平铺。从正面看犹如一条盘龙，由两鬓盘龙直上，龙身盘旋，龙头高昂，形态逼真，又称盘龙髻（图2-1）。从侧面看发髻造型犹如凤凰，栩栩如生，高昂的发髻如凤凰的头部，盘旋的发辫如凤凰的身体，松散在脑后的扇形发髻如凤凰的尾巴。这种"凤凰髻"梳理复杂，需使用大量假发，梳理手法上主要为盘发和编发，主要固

（a）正面　　　　　　　　　　（b）侧面　　　　　　　　　　（c）背面

图2-1　盘龙髻

定、装饰品为桃红色绒线和笄，盘发用品如图2-2所示。笄的材质为银（图2-3），侧面造型呈弯弓形，正面像两片相连的叶片，上錾凿有纹样，常用纹样为当地人所称的"蝴蝶纹"，另外还有"龙树纹"，尺寸长约10cm，最宽处2.5cm。外形上与苗族女子佩戴的笄有相似之处。中老年女性可以梳盘龙髻，也可以在脑后盘类似汉族的扭髻，大而扁平，套发网，戴发夹和银花。中老年女性常在额前裹头巾，这是由于长期梳理高耸的凤凰髻，使前额脱发严重，头巾也多为深色布料或蓝印花布缝制。

图2-2　盘发用品

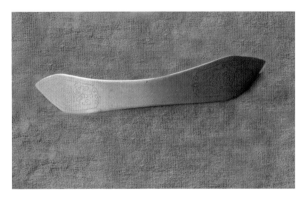

图2-3　笄

未婚少女的发式较已婚妇女的发式相对简洁，为圆润的平髻，俗称"平头子"（图2-4）。整体发式造型呈扁圆形，形似红边黑绒帽。用两束桃红色的绒线系扎固定和装饰，一束横压于发顶前端，一束自后向前加以圈缠。额前留齐眉扁平刘海儿，一般不佩戴饰物。平头子也是以凤凰为模仿对象，发顶前端象征凤凰头，前眉象征凤凰的身体，脑后呈扇形的头发象征凤尾。

霞浦地区的妇女在日常劳作时会裹头巾或戴花斗笠。头巾多为深色布料或蓝印花布缝制（图2-5）。霞浦西路式花斗笠俗称"花笠"，尖顶、宽檐、重量轻，相传是由凤冠"公主顶"演化而来。花笠直径约38cm、窝深约8cm，花笠的笠身最顶端的尖顶高约3cm，重量是普通斗笠的三分之二，甚至只有一半重量，面层所用竹篾多达224～240条，每条的细度只有0.1cm。配以系带用于固定，系带有水红色的绸带、白色织带及各色珠串，五颜六色，甚是好看（图2-6）。它的系合固定位置在后脑勺的凤尾发髻处，与汉族斗笠在下颌系扎不同。

（a）正面　　　　　　　　　　　（b）侧面　　　　　　　　　　　（c）背面

图2-4　平头子

（a）裹头巾　　　　（b）头巾平铺　　　　　　（a）戴花斗笠　　　　（b）花斗笠正反面

图2-5　头巾　　　　　　　　　　　　　　　图2-6　花斗笠

　　霞浦西路畲族女子自结婚时开始梳"盘龙髻"，戴"笄"。凤冠是佩戴在梳理好的发髻之上的（图2-7）。霞浦西路式凤冠尖顶圆口，高耸、华丽。主体材质为就地取材，多使用竹制；装饰部件使用大量银制作，配以玻璃珠串。凤冠的主体是由尖锥体和等腰三角形组成，整体高度达到60cm左右（图2-8）。锥体是由竹箨（竹笋壳）圈成，锥体下口适合人的头围，挺拔向上，一般的高度有40cm左右。锥体外顶部加以用竹篾制作的等腰三角形作为正面，高度高于锥体20cm左右，外蒙黑色或深色的苎麻布，上部正中装以精致的小方镜，并配以微型的剪刀、尺子、书本等物，锥体两侧有红绸带或珠串，用于佩戴时固定凤冠。银制的部件题材丰富，主要有十二生肖、蝴蝶、双龙戏珠、鱼虾百将等（图2-9），多为吉祥寓意。其制作工艺复杂，主要工艺为錾刻，錾刻的纹样具有浮雕般立体效果，多层次。

（a）佩戴凤冠　　　　　　　　　　　　（b）正面、侧面、背面

图2-7　凤冠

锥体外顶部用竹篾制作的等腰三角形的顶端垂有璎珞和银片，三角形各边有银片装饰，题材为十二生肖，三角形两侧垂有蓝色珠子和蝴蝶状银片，俗称"蝴蝶牌"，寓意多子多孙，三角形底部坠有四个珠串。三角形下面锥体上有两块银牌，俗称封排，寓意封官。锥体下端系遮面银饰，俗称"线须"，是由一块长方形的银牌（俗称"大牌"）和九串银片组成，如帘子般垂于脸前，大牌上一般刻有錾凿的吉祥纹样，九串银片的造型为"鱼虾百将"，选择九串这一数字象征九九归一，另外有辟邪挡煞的寓意（图2-10）。霞浦当地传统习俗为新媳妇劳作时仍然要戴凤冠，近代一百多年改戴尖顶花斗笠。

图2-8　凤冠高度　　　　图2-9　凤冠细节

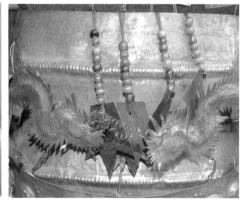

图2-10　鱼虾百将、双龙戏珠

二、西路式畲族妇女发型的梳理步骤

1. 霞浦畲族西路式已婚女子"凤凰髻"梳理步骤

（1）分发区：以两耳朵上方和发顶点为分界线，先将头发分为前后两部分，前面发区为排子发区，后面发区为凤尾发区，后部凤尾发区发量略多。头顶再分出一圈头发，作为顶发区（图2-11）。

图2-11　分发区

（2）梳理顶发区：将顶发区的头发向上梳理后，整个发区的头发用桃红色绒线系扎成马尾，作为高髻的支撑点（图2-12）。

（3）理凤尾：梳理凤尾发区的头发，将凤尾发区的头发在后脑勺部位用手调理，使其蓬松呈三角形扇尾形状，作凤尾状（图2-13）。

图2-12　梳理顶发区　　　　　　　　　　　图2-13　理凤尾

（4）做凤身和凤头：将凤尾发区剩余头发向上梳理，添续假发。假发的一端是一支长约20cm、直径3cm裹着黑布的小竹筒，将其包裹在头发中，用桃红色绒线螺旋上升系扎固定在竹筒下部；再将凤尾发区剩余的头发以及头顶部的马尾用紫红色绒线系扎在一起，头发向前梳理至前头顶呈扁形向后折；剩余发尾用笄在头顶中部固定，并不断添加假发由右向左绕于头顶，呈螺旋状，收发尾（图2-14）。

图2-14　做凤身和凤头

（5）做前眉：将前排子发区的头发整理光洁，由右向左平铺在整个前额，与眉齐，用两个发夹固定；发尾向后与桃红色绒线合编在一起固定在头后部，并用发夹固定。至此整个发髻梳理完毕（图2-15）。

2. 霞浦畲族西路式未婚少女发式梳理步骤

（1）分发区：理顺头发，以两耳上方和发顶点连成一条分界线，先将头发分为前后

图2-15　做前眉

两部分，前面发区为排子发区，后面发区为凤尾发区（图2-16）。

（2）理凤尾：将凤尾发区的头发向上梳理，用一根长2m左右的桃红色绒线在后脑勺部位系扎马尾固定，用手调理头发使其呈三角形扇尾形状，作凤尾状（图2-17）。

（3）翻排子：将排子发区再分为左、中、右三个发区，发区分界线为头顶点至两额角。

图2-16　分发区

图2-17　理凤尾

中间发区为"排子"，两边发区称为"边子"。用梳子向上将"排子"暂时固定，用一束桃红色绒线系扎固定。将排子翻向后面，与凤尾的马尾用桃红色绒线系扎在一起，多缠绕几圈，一方面起到固定的作用，一方面又具有装饰性。将右边"边子"发区的头发向后梳，并与后面的马尾系扎在一起（图2-18）。

（4）做前眉：梳理左边"边子"平整光洁，在右耳上方用夹子固定；剩余头发与后面所有头发一起梳理平整，向前平铺在额前，用夹子在右耳上方固定；剩余发尾顺势缠绕，并用夹子固定。将剩下的绒线向前经过前眉缠绕一两圈，固定在头后。至此整个发髻梳理完毕（图2-19）。

图2-18　翻排子　　　　　　　　　图2-19　做前眉

第二节

东路式畲族妇女发型与头饰

一、东路式畲族妇女发型与头饰概述

东路式"凤凰髻"的发式受汉族影响较大，模仿凤凰或者龙犬的痕迹较少，只在两耳前部将头发回梳成反问号形，模仿凤凰颈部，其发式造型更接近于明清时汉族的发髻，发髻保留红毛绒线装饰，体现凤凰丹冠的形象。东路式"凤凰髻"的梳理方式主要是编发、扭发和盘发。

已婚女子"凤凰髻"的发髻造型扁平。发髻梳于脑后，使用发网，额前刘海儿横向平铺（图2-20）。脑后部的发髻类似于汉族已婚女性的扭髻，在此发髻上有银质的各类用于

（a）正面　　　　　　　　　　　　　　（b）左侧

图2-20

（c）右侧

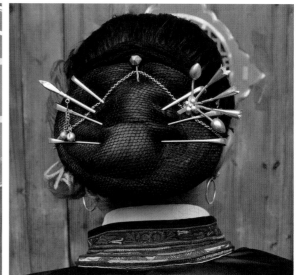

（d）背面

图2-20 东路式"凤凰髻"

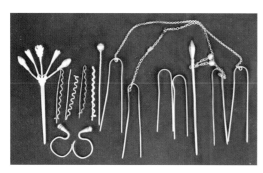

图2-21 固定发髻的银质装饰品

固定发髻的装饰品，主要包括：起主要固定发髻作用的八角锤簪一支、金针花发簪一支、笔钗一支、三角簪四支、三角簪链一对（图2-21）。发式左边有10cm左右红毛绒线装饰和系扎头发。另有一黑色长布巾（绉纱巾），在梳理时经额前在脑后扭髻下系扎，起固定发尾的作用。中老年妇女则不留额前刘海儿，只留黑色长布巾，脑后部发髻不变。其中，金针花发簪是东路式的特色头饰品，它形体细长末端有五朵小银花，银花内装小铃铛，佩戴后走起路来叮当作响（图2-22）。

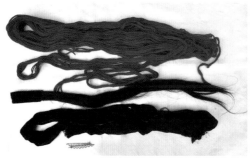

（a）黑色长布巾

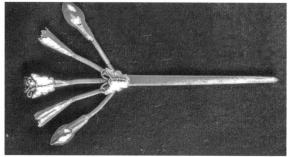

（b）金针花发簪

图2-22 黑色长布巾和金针花发簪

　　未婚少女的发式如同戴了一顶圆圆的红色发帽，一圈红色的毛绒线盘绕于头顶，艳丽夺目，额前有发夹装饰固定（图2-23）。有一黑色长布巾在梳理时经额前在脑后扭髻下系扎，无刘海儿，额前黑布巾与"发帽"之间，在左前额也有10cm左右的红毛绒线系扎和装饰。其主要梳理方法为编发。

图2-23　东路式未婚少女发式

　　东路式凤冠由头冠和头花两部分组成，冠身高耸，头花华美（图2-24）。头冠由冠身和冠尾两部分组成，冠身俗称髻栏，它的主体结构是用竹篾圈成高耸的锥形，外面蒙以黑色苎麻布，冠身正面镶两片刻有纹样的长方形银片，银片上的主要纹饰是乳钉纹、文字纹、波浪纹和各种花纹（图2-25）。冠身顶端包裹有黑红色色织布和大红色苎麻布巾，色织布尾端坠有两根细长的红色布条，大红色苎麻布巾长约2m，布巾垂直至臀部且有12个刻有吉祥图案的圆形银片装饰，银片直径为2～3cm（图2-26）。冠身配以竹质长簪，用于固定发髻和头冠。头花是东路式发式的特色装饰品，造型精美、立体，工艺精湛复杂，题材繁多。凤冠的头花共有左、中、右三组，每组三朵。正面中间一组分为三层，最上层为"八仙"、十二生肖、鱼虾百将及其他吉祥动物，两端各有一只铃铛；中间层为10只头朝下的狮子戏绣球；靠近额头的最下层是由12只昂首的小凤凰围绕，每只凤凰都口衔银链，银链从额前垂至脸前，每条银链由银质珠串、银片和圆形银牌组成。左右两组对称各为一只大凤凰，凤口和凤尾均有银链，大凤凰的身体上还錾凿着吉祥纹样（图2-27）。姑娘在结婚时扭发成髻盘于头顶，然后再将凤冠佩戴在发髻上。

（a）3/4侧面　　　　　　　　　　　（b）正面　　　　　　　　　　　（c）侧面

图2-24　东路式凤冠

图2-25　凤冠银片纹样

（a）头冠上的圆形银片　　　　　　　　　　　（b）银片细节

图2-26　圆形银片

（a）头花发簪

（b）两只边凤凰

（c）大凤凰

图2-27　东路式大凤凰头饰

二、东路式畲族妇女发型的梳理步骤

1. 东路式已婚女子"凤凰髻"梳理步骤

（1）分发区：以两耳上方和头顶点作为分界线，将头发分为前后两个发区，将后发区用红毛绒线系扎成马尾，如果发量不够可加入假发，在后脑勺部位扭发成扁平圆形发髻。

用发网固定，整理发髻为圆形。再用锤形发簪插入发髻从而固定发髻。将前发区分为左、中、右三个发区，两边俗称"边子"，中间为"前眉"（图2-28）。

（2）梳理边子和前眉：将左、右"边子"在两耳前方向前倒梳成反问号形，再向后梳理，缠绕在脑后的发髻上。向左边梳理前眉发区的头发，将假发与真发在左前额上方用红毛绒线缠绕若干圈系扎（图2-29）。

图2-28 分发区   图2-29 梳理边子和前眉

（3）装饰红毛绒线：将一绺系扎好的红毛绒线套入系扎的前眉马尾发辫，将前眉马尾发辫反方向梳理做前眉（图2-30）。

（4）系扎黑色长布巾：用一条黑色的长布巾将前额包裹，系扎在脑后马尾的下方，固定额前头发（图2-31）。

（5）做前眉：将前眉发区的头发平铺在额头上，额前用两个发夹固定，发尾向后梳理缠绕在脑后发髻上，再用黑色长布巾缠绕固定整个发髻（图2-32）。

（6）装饰发髻：先用两对三角簪链经过锤形发簪在发髻左右两侧固定，一对U型夹也在发髻左右两侧固定，然后在发髻的左侧插入笔簪，右侧插入金针花簪固定和装饰发髻，至此整个发式完成（图2-33）。

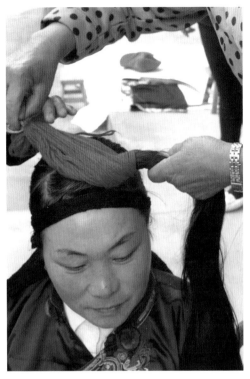

图2-30　装饰红毛绒线

图2-31　系扎黑色长布巾

图2-32　做前眉

图2-33　装饰发髻

2. 东路式未婚女子"凤凰髻"梳理步骤

（1）分发区：以两耳上方和头顶点作为分界线，将头发分为前后两个发区，再将后发区用红毛绒线系扎成马尾。将前发区分为左、中、右三个发区，两边俗称"边子"，中间为"前眉"（图2-34）。

（2）梳理边子和前眉：将左、右"边子"在两耳前方向前倒梳成反问号形，再向后梳理，缠绕在脑后的发髻上。向左边梳理前眉发区的头发，在左前额上方用红毛绒线缠绕若干圈系扎，剩余头发梳至脑后，并与后面的马尾合拢绑在一起，然后将合拢在一起的马尾分成三股编发（图2-35）。

（3）系扎黑色长布巾：用一条黑色的长布巾将前额包裹，系扎在两耳前方向前倒梳成反问号形，再向后梳理，缠绕在脑后的发髻上（图2-36）。

图2-34 分发区

图2-35 梳理边子和前眉

（4）装饰红毛绒线：将一绺红毛绒线从右至左围绕头顶缠绕两圈，并在脑后固定，即用发夹将前额的头发、黑色长布巾和红毛绒线固定，至此整个发式完成（图2-37）。

图2-36 系扎黑色长布巾　　　　　图2-37 装饰红毛绒线

第三节

霞浦畲族妇女发型与头饰的文化内涵

霞浦畲族女子的传统发式"凤凰髻"反映了当地畲族人的生活方式、民族习惯、地域特征以及独特的审美和传统民族文化。霞浦畲族"凤凰髻"的文化特征概括起来主要体现在以下三个方面。

一、原始的祖先、图腾崇拜和信仰

原始的祖先、图腾崇拜和信仰是"凤凰髻"孕育的摇篮，虽然不同地区之间的畲族女子发式相差很大，但是她们都在模仿畲族原始图腾凤凰的造型。这是因为她们有共同的信仰作为内核，"盘瓠和盘瓠之妻三公主"的宗教信仰和祖先崇拜是畲族人的内在凝聚力。

在畲族人自己代代相传的口述历史传说和畲族史诗《高皇帝歌》中，记录了他们的起源。相传畲族的祖先盘瓠为五彩神犬，因帮助殷商时代的高辛帝平番有功，高辛帝招他为驸马，将自己的女儿三公主下嫁，并赐给女儿凤冠、凤衣等，与盘瓠结为夫妻，后来盘瓠与三公主遁入人迹罕至的山林中生活，其后代即为畲民。"盘瓠和盘瓠之妻三公主"是畲族人非常重要的宗教信仰和祖先崇拜，畲族人更将始祖"三公主"视为凤凰的化身，凤凰和龙犬是畲族人的图腾。由于对始祖"三公主"的崇拜，使得畲族传统文化带有强烈的女性崇拜，传统的畲族社会是以女性为主导的社会。这种崇拜化为信仰，以图腾凤凰的形式在畲族人民的实际生活中处处得以彰显，他们的茶道称为"凤凰茶道"；在传统畲族婚礼中，有"取凤凰蛋"的风俗、在大厅中央会贴有"凤凰到此"或"凤凰来仪"等字样，更有拜堂时"男跪，女不跪"的习俗。对凤凰的这种原始崇拜是畲族女子"凤凰髻"的起源，她们以凤凰为模仿对象，更以凤凰为美。

二、自卫性民族文化防御体系的产物

畲族人自古生活在山区，历史上的迁徙路线是沿着山区和半山区自南向北、自东向西不断向汉族聚居地迁徙。这一过程也是畲族文化不断受到汉文化冲击和汉化的变迁过程。在迁徙的过程中与汉族和其他民族不断交融，畲族文化一方面无可避免地受汉文化的影响逐渐发生汉化，一方面又为保存自己的民族文化而采取一系列本能的保护措施。又由于历史原因，畲族在迁徙的过程中，形成了"大分散，小聚居"的居住特点，主要居住在山区，形成畲族母文化体系下的一个个子文化，故不同地区的畲族女子亦有各自独特的发式造型和头饰。霞浦西路式"凤凰髻"延续祖制，造型古老而质朴，颇具民族特色；而霞浦东路式"凤凰髻"受汉族影响较大，发髻的形状与汉族妇女的发式极其相似，只在发饰的装饰图案及制作工艺上保留了本民族的特色。

三、对女性的崇拜

凤凰"三公主"既是畲族的祖先，也是畲族女性的代表，她高贵美丽、勤劳勇敢，畲族人对"三公主"的崇拜也是对女性或母性的崇拜。传统的畲族社会是以女性为主导的社会，她们参与并主导日常家庭生活，不受中国传统封建礼教的束缚，如通过对山歌以及庆典活动的自由恋爱，传统婚礼与祭拜中男跪女不跪。无论是在神话传说还是实际生活中，女性崇拜处处可见。畲族女性图腾化的发式作为这一文化的物质载体之一，起着标识、强化本民族文化的作用，并使之得以代代传承。

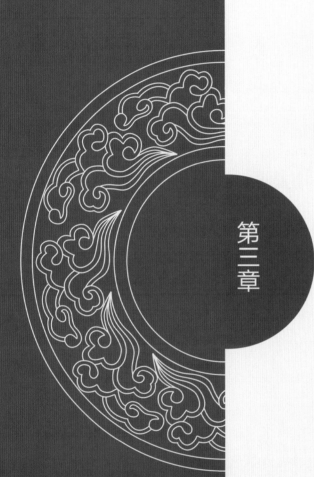

CHAPTER

3

第三章

霞浦畲族服装特征
及文化内涵

霞浦畲族凤凰装服式由花领衫（上衣）、拦身裙、裤子、大裙、腰带、绑腿、绣鞋花等组成。其中，因上衣服斗❶和领子上刺绣着满满的动、植物纹样，花领衫故而得名。东、西路式凤凰装既有区别又各自有着十分鲜明的民族特色，均是畲族服饰文化的典型代表。在实地调查期间，笔者常常被凤凰装的美丽所折服，同时惊叹于霞浦畲族人民的智慧和卓越的艺术创造力。

第一节

西路式畲族服装

一、西路式畲族服装种类

1. 花领衫（上衣）

西路式花领衫为右衽大襟小袖样式，纹饰主要集中装饰在前大襟上端区域，俗称"服斗"（图3-1）。服斗由"花池"❷和"花脚"❸两部分组成（详见本章第二节）。"花池"越多，服斗内的刺绣纹样越美丽丰富。花领衫左前襟掩向右腋下系带，将右襟掩覆于内，右襟又系带于左腋下，由于所用传统苎麻面料为畲族家庭手工织造，幅宽很窄，故花领衫的前大襟中心线和后身中心线均为拼缝；领子为中式立领，类似于汉族传统的旗袍领；左、右两袖为连袖结构，袖身拼接，袖长及手腕，袖口内有蓝色棉布条拼接装饰，衣身左右两侧开衩（图3-2）；衣后片比前片长约2.3cm，隐喻凤凰美丽修长的尾巴，是畲族图腾文化的体现。

---

❶ 服斗：花领衫前大襟上端集中刺绣着动、植物和人物等纹样，形成较大面积的装饰区域，俗称"服斗"。

❷ 花池：少则一个、多则三个的造型类似于斜着的英文字母"L"，从花领衫前大襟的止口线向里按大、小顺序依次平行排列开，其形状好似种植花卉的池子。

❸ 花脚：紧挨着"L"型花池右下端外围呈反向"L"造型的纹样，仿佛是花池底端铺垫的美丽基石。

第三章　CHAPTER 3
霞浦畲族服装特征及文化内涵

图3-1　西路式花领衫

图3-2　西路式花领衫的侧开衩、衣摆和袖口

　　霞浦畲族人传统上把花领衫划分为"三红衣"（三个花池）、"二红衣"（两个花池）、"一红衣"（一个花池）（图3-3）。它们是以胸前服斗装饰纹样的多与少来区分的，其他部位没有差别。"三红衣"的纹饰最为华丽繁复，旧时只有有钱人家的小姐才有资格穿着。一般人家的女儿根据自家的经济情况，只能选择制作"二红衣"或"一红衣"。"三红衣"和"二红衣""一红衣"均为盛装，大都为节日或正规礼仪场合穿着（视各家的经济状况而定）。畲族女子出嫁前"做表姐"就常盛装装扮。"做表姐"是霞浦畲族相沿久积的婚礼习俗：畲族姑娘出嫁前，男家要把举办婚礼的日子帖送到女家，女家把这日期写到红纸上，用红帖一封套着，带上线面或鱼做"手信"送到舅舅家，让舅舅知道成亲的具体时间，邀请即将出嫁的外甥女到家里做客，然后到姨、姑家等表亲家做客，并与所在村落的青年男子们斗歌比唱。如女子所对的歌多且好，就会被村里人欢迎，甚至邀回家中尊为上宾，如女子不善对歌，则会被人看不起。

图3-3　一红衣、二红衣和三红衣

　　由于妇女要承担许多繁重的体力劳动和家务活，为了避免在劳作过程中将刺绣纹饰磨损，畲族女性在平时劳作时穿着大襟和领子上只有简单几何刺绣纹样的花领衫，畲族老妪平日基本上也是如此穿着（图3-4）；或是把花领衫反穿在身上，这种反穿方式只存在于霞浦西部畲族区域中（西路式畲服），至今畲族村中的老人还保留着这种穿着习惯（图3-5）。因此花领衫内里的制作较讲究，衣身接缝处基本做净，几乎没有毛边，反面服斗没有刺绣纹样，仅沿襟边缉一条红色明线作为装饰（图3-6）。

图3-4

图3-4　日常劳作的西路式花领衫

图3-5　反穿花领衫

图3-6　西路式花领衫反面及其衣侧

2. 靠仔衫

"靠仔衫"是畲语，即马夹（图3-7），是女儿出嫁时，父母为其定做的嫁衣之一，是"做表姐"时穿着的衣服。"靠仔衫"的含义是女儿嫁到夫家后早生贵子、养儿防老、老有所依。它采用畲族传统手工纺织的苎麻面料制作，颜色多为靛蓝或黑色。它的样式与清朝后期的马甲类似，没有袖子、立领，领面绣满花卉等纹样，对襟，前襟正中两块长方形的装饰区域中用手工刺绣着动、植物图案，如竹鹿平安、喜鹊闹梅、凤凰等纹样，色彩绚丽（图3-8）。衣两侧腋下部位分别有一块梯形布片，上面绣满牡丹、荷花等花卉纹样，一方面起到美化装饰作用；另一方面起到连接前、后衣身的实用功能（图3-9）。

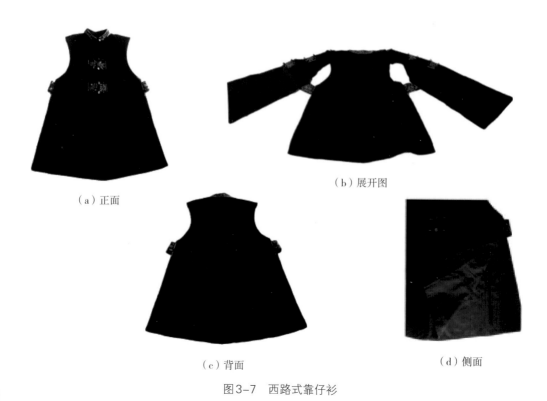

（a）正面　　　　（b）展开图

（c）背面　　　　（d）侧面

图3-7　西路式靠仔衫

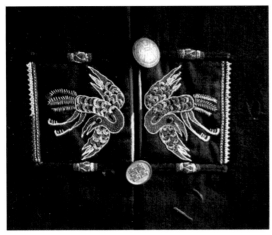

图3-8　靠仔衫前襟

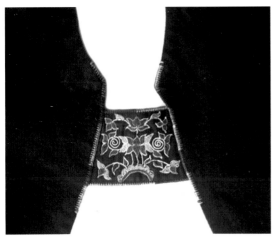

图3-9　靠仔衫两侧腋下的梯形布片

3. 拦身裙

　　西路式拦身裙的造型呈梯形，款式类似于汉族旧时的围裙（图3-10）。裙内的装饰图案也是沿着裙上沿和两侧边（底边除外）呈梯形排列。为了制作方便，上端的两角作角中心线分割，裙身主色为畲族传统的黑色或藏蓝色，裙边饰有黄、红、蓝、绿等色彩斑斓的镶边，好似美丽的彩虹。裙身上刺绣着繁复的动、植物和人物纹样，最常见的是凤凰和牡丹纹样（详见本章第二节）。遗憾的是，新中国成立以后拦身裙的动物和人物纹饰走向式微，精湛的刺绣工艺和图案也不复从前，图3-10（b）为钟李发师傅凭记忆依照传统制作的拦身裙。拦身裙的纹饰逐渐简而少，只在裙身左、右两边保留单一对称的花篮纹样（图3-11），显得较呆板，缺乏生气。

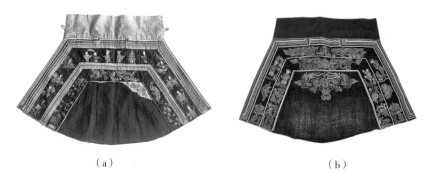

（a）　　　　　　　　　　　　　　　　　　（b）

图3-10　西路式传统拦身裙

图3-11　新中国成立后的西路式拦身裙

4. 裤子

霞浦畲族女性旧时穿一种长过膝的半长裤，宽阔的裤腰头、裤脚，与汉族的大脚裤造型基本相同（图3-12）。裤子为青（黑）色素面，没有刺绣纹饰和花边，穿着时，向右或左折叠多余的裤腰量，用布带系紧。新中国成立后，逐渐改穿现代筒裤，与汉族直筒裤无异。

图3-12　西路式裤子

5. 大裙

大裙是畲族女性结婚时专用的长裙，平时并不穿着。西路式传统长裙为黑色素面，腰部有均匀的褶皱，长至脚背，呈大A字造型（图3-13）。穿着时，大裙从前向后围于腰间，系于白衬衫上。新中国成立以后，民族关系得到很大改善，受汉族影响，现在有些地方已改穿红色长裙。

图3-13 西路式大裙及其局部

二、西路式畲族服装纹饰

凤凰装是霞浦畲族女性走亲访友、重大节日和婚嫁所穿着的服饰，也是其身份和美丽的象征。在福建"罗源式""福安式""漳平式"等七种畲族服饰类型中，唯有"霞浦式"凤凰装的装饰纹样除了植物造型外，还包括了动物和人物造型。而"霞浦式"凤凰装又以西路式的传统装饰纹样最具代表性。

1. 纹饰的种类

西路式凤凰装纹饰的种类繁多，主要包括动物、植物、人物和器皿等，这些纹样经过形式上的变化、组合，集中装饰在凤凰装花领衫服斗和拦身裙上。在福建罗源、福安、漳浦等地的畲族服饰中，唯有霞浦畲族凤凰装上才有人物刺绣纹样。

（1）动物纹样：凤凰装上出现最多也最具代表性的动物纹样是凤凰，象征畲族始祖三公主至高无上的地位。还有龙头鱼身造型的鳌鱼纹样（图3-14），用于记忆和怀念始祖盘瓠。其他常见的有蝴蝶、喜鹊、蝙蝠、鹿、鹤、狮子纹样（图3-15），其中大多数动物纹样与植物或器皿等纹样组合成适合纹样形式，象征着美好的寓意。

图3-14　西路式鳌鱼纹样

图3-15 西路式蝙蝠和蝴蝶纹样

（2）植物纹样：包括牡丹、梅花、荷花、石榴、竹子、松树、卷草等（图3-16），花卉大多以折枝、缠枝的形式出现，其中牡丹是最常见的纹样。"鹅脚牡丹"是畲族传统牡丹样式，因花瓣造型好似鹅的脚趾，故而得名。现今，鹅脚牡丹纹样已逐渐被写实的牡丹样式所代替（图3-17）。

图3-16 西路式石榴和荷花纹样

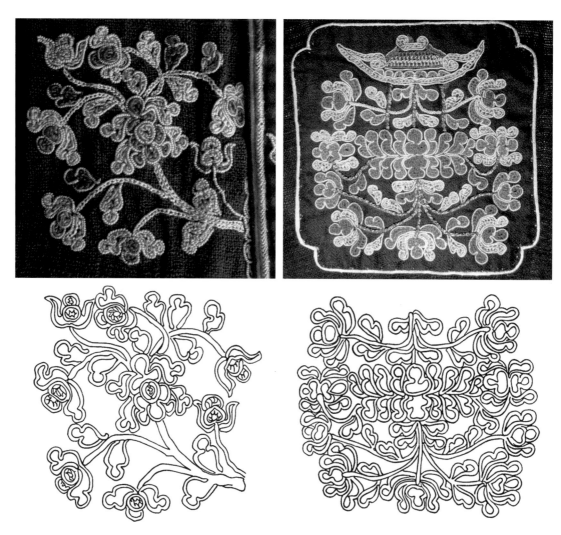

（a）鹅脚牡丹纹样

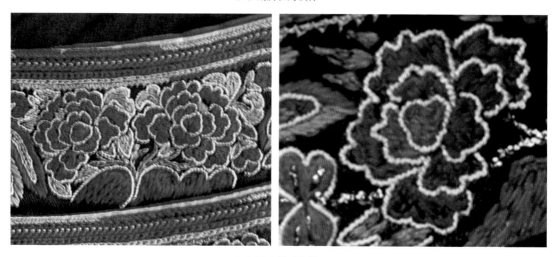

（b）写实牡丹纹样

图3-17　西路式牡丹纹样

（3）人物纹样：人物纹样除了"八仙过海""刘海戏金蟾""姜太公钓鱼"等神话传说，还有"孟宗哭竹""许仙与白娘子""许士林拜塔"等历史文化和戏剧故事（图3-18）。此外，盘瓠传说、龙麒娶妻等图腾崇拜的纹样，也以特殊的方式叙述着畲族祖先的故事。人物题材的纹饰在新中国成立前广泛运用于霞浦东、西路式凤凰装上衣和拦身裙中，现仅保留于水门、牙城一带东路式凤凰装上衣中，西路式凤凰装人物纹饰已基本消失，为动物和植物纹样所取代。

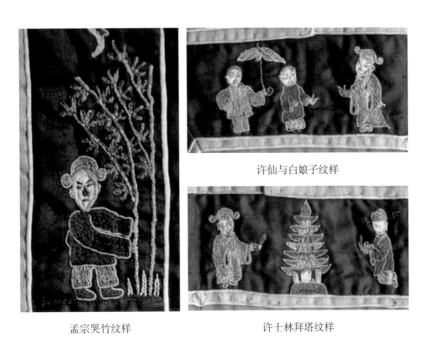

许仙与白娘子纹样

孟宗哭竹纹样　　　　　　　　　许士林拜塔纹样

（a）

刘海戏金蟾纹样　　　姜太公钓鱼纹样　　　八仙过海纹样

（b）

图3-18　西路式人物纹样

（4）器皿纹样：西路式旧式拦身裙两边的花池中经常运用"暗八仙"中的"渔鼓""笛""剑""阴阳板""葫芦""扇"等器皿纹样，上端花池刺绣"如意""犀牛角""灵芝"等器皿纹样与之相呼应。"宝瓶"是花领衫一直使用的器皿纹样（图3-19）。"花篮"纹样传统上常与牡丹等花卉纹样组合在一起，新中国成立以后以单一的形式装饰在拦身裙中（图3-20）。

图3-19　西路式器皿纹样

图3-20　西路式花篮纹样

2. 纹饰的布局

西路式凤凰装纹饰主要集中在花领衫（上衣）的前大襟（服斗）、领子和侧开衩部位。服斗由花池、花脚构成，凤凰是其中最常见也是最经典的纹饰。西路式服斗由少则一个、最多三个的花池组成。花脚紧紧围绕着花池右下端外围，总体呈反向"L"造型（图3-21）。

花领衫中的三红衣，其服斗花池中的装饰纹样一般都有其相对稳固的空间方位：具有吉祥寓意的组合纹样如凤凰与牡丹、鳌鱼浮亭等，一般都装饰在前襟止口线上的"L"型花池斜上方狭长且相对宽大的平面空间里；梅花鹿与竹子等纹样位于此"L"型花池下方相对较小的竖向平面空间里（图3-21），如果服斗中间的花池在末脚有拐弯（图3-22），则此空间基本上固定地装饰着宝瓶纹样，梅花鹿与竹子纹样则位移到中间花池下方长方形的空间里；在中间花池上方的斜长空间用喜鹊闹梅等组合纹样填适其中；其他空间则自由安排适合动、植物纹样（图3-22）。此纹饰布局在二红衣或一红衣中又有所改变，且没有一定的规律，但都遵循一个适合空间的布局原则，合理地进行安排。西路式花领衫服斗花脚均刺绣卷草纹样，没有空间布局上的变化。

因装饰纹样的不同，西路式花领衫有凤领、龙领、花领之分（图3-23）：凤领领面的纹样是凤朝牡丹；龙领领面的纹样是双龙

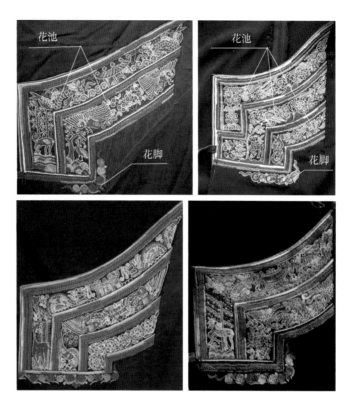

图3-21 西路式花领衫服斗的花池与花脚

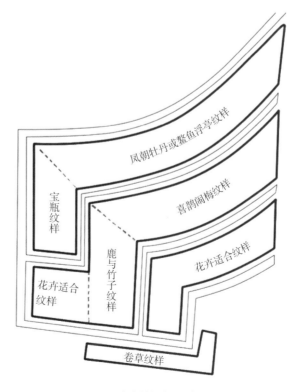

图3-22 西路式花领衫服斗纹样布局

（a）凤领

（b）龙领

（c）花领

图3-23　西路式花领衫衣领纹饰

戏珠；花领领面是以花卉纹样为主。其与美丽的服斗纹饰首尾相连，相得益彰。

拦身裙也是西路式凤凰装纹饰较集中的地方。拦身裙内的花池呈梯形，与裙形相契合（图3-24）。花池内的纹样精美繁缛，分布较自由随意，主要以人物和动物纹饰为主。只有蝴蝶纹样固定地设置在梯形花池上端夹角处。新中国成立以后，逐渐被左、右对称的吉祥"花篮"纹样所代替。

花池

图3-24　西路式拦身裙花池

图3-25　西路式凤凰装纹饰色彩

3. 纹饰的色彩

西路式凤凰装纹饰的色彩主体以玫红色为主，黄色、绿色、蓝色为辅，以金色在花蕊、宝瓶瓶身、鹿身等处作最后的点缀，花池内动植物、人物等纹样的外轮廓均以白色"勾勒"清晰。霞浦畲民在生活和生产活动中，找到了色彩搭配美学的形式和规律，以玫红色占据大面积比例，黄色、蓝色、绿色则反之，把金色和白色作为分离色调和其中（图3-25），色彩鲜艳饱和，绚丽又不失柔和，既对比变化又和谐统一，俗中见雅，韵味十足。

4. 纹饰的造型、构图和风格

西路式凤凰装纹饰比较写实，接近传统中凤凰的形象，其装饰重点在翅膀上，翅膀往往正面对称打开，尽情舒展，显得雍容大气。在西路式服饰凤凰和牡丹组成的纹饰中，各式各样的牡丹花置于两只凤凰中间，俗称"凤朝牡丹"（图3-26）。但凤凰纹样除了这种正、侧面的构图，几乎没有其他的样式，显得过于程式化。西路式花卉植物纹饰，形态多样，有正面、侧面、全开、半开、花苞等形态，并打破了传统对称的单一组合形式，形成

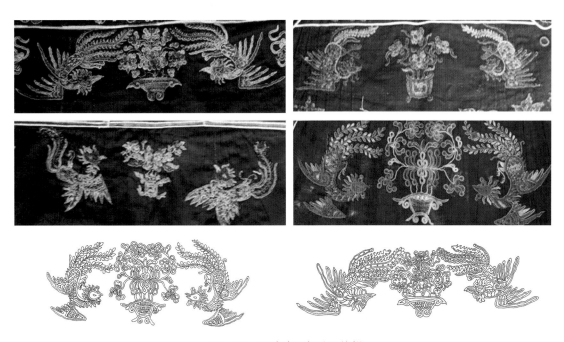

图3-26 西路式凤朝牡丹纹样

了以正面全开的花朵为中心，向左、右波浪式对称展开，按一定间隔比例在左、右相应的位置安排另一种形态的花朵（通常都是侧面花），并在间隔之间的空间里穿插花苞、花蕊和小叶片等，整个图形寓变化于统一之中，给人以连绵不断、生生不息之感，常用于领部的装饰，深受当地畲族人的喜爱。西路式还有一种特有的叠花式构图，成片的花朵重叠在一

起，整个构图看似随意，实则安排巧妙、疏密得当、主次分明（图3-27）。西路式花脚都由卷草纹样组成，变化较少，形式单一。犬牙、老蛇骨等几何纹样，装饰在服斗花池、衣侧缝开衩和领子的边缘（详见第五章第二节）。

图3-27 西路式花卉纹样组合

第二节

东路式畲族服装

一、东路式畲族服装种类

1. 花领衫（上衣）

东路式花领衫（上衣）与西路式花领衫的款式基本相同，亦为右衽大襟小袖样式，东路式花领衫纹饰集中在胸前服斗和领子部位。服斗亦由花池、花脚构成（图3-28）。领为复领，由大立领和小立领组合而成；大襟从左向右覆盖小襟，一直伸到右腋下侧布，然后在右腋下系扣，且小襟的长度短于大襟的长度；连袖，袖身有拼接，袖口内有红色棉布拼条装饰，只能单面穿着（图3-29）。

2. 拦身裙

东路式拦身裙身基本呈长方形，红色印花土布做的宽腰头，腰头左、右两侧缝有系带；靛蓝色或黑色裙身，有的裙边滚有红色印花土布条。裙身正中装饰着一块正方形的淡绿色素面绸布，现在也有用淡绿色印花绸布代替的（图3-30）。裙身仿佛有两层，增加了层次美感。

（a）正面 （b）背面

图3-28　东路式花领衫

图3-29　东路式花领衫局部

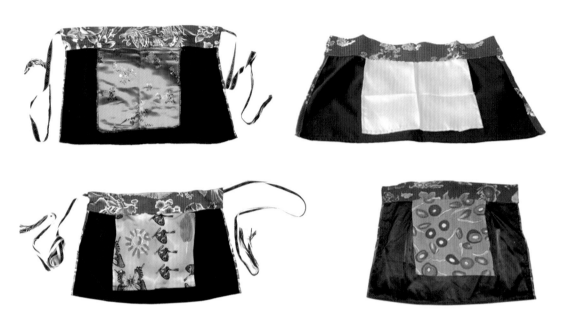

图3-30　东路式拦身裙

3. 大裙

东路式大裙与西路式大裙一样，是畲族女性结婚时穿着的长裙，平时不穿着（图3-31）。大裙色彩为黑色或靛蓝色，素面，裙身由两片重叠而成，腰头重叠处有均匀的褶皱，长至脚背，呈大A字造型，裙下摆装饰简单的机织几何花边，穿法与西路式相同。

图3-31　东路式大裙及其局部

二、东路式畲族服装纹饰

1. 纹饰的种类

东路式凤凰装纹饰主要包括动物、植物、人物、器皿等。由于东路式拦身裙没有纹饰，故东路式年轻妇女的花领衫往往是各种纹样的集中展现。

凤凰、鳌鱼仍是最常见的动物纹样，兔子、松鼠、蝴蝶、喜鹊纹样也常被刺绣于花领衫的花池内；植物纹饰有牡丹、梅花、菊花、石蒜花、花树、桃子、萝卜花和叶、蕨菜等，种类繁多，更接近日常生活（图3-32），兔子、松鼠等动物纹样常与桃子、萝卜花和叶组合在一起，十分别致，独具特色（图3-33、图3-34）；人物纹饰经常是单个人或两个人，常见的有"刘海戏金蟾""姜太公钓鱼""梁山伯与祝英台"，还有《隋唐演义》里的人物，如秦叔宝与罗成等（图3-35），众多人物的"八仙过海"图案却十分少见，盘瓠传说、龙麒娶妻等图腾崇拜纹样缺失；器皿纹饰最常用的是"宝瓶"纹样，"花篮""书宝""纸宝"纹样（图3-36）也经常出现在花领衫的花池内，"渔鼓""笛""剑"等暗八仙纹样则很少见到。

（a）花树纹样

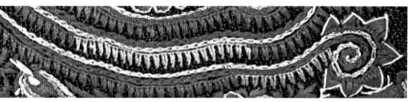
（b）蕨菜纹样

（c）石蒜花纹样

（d）牡丹纹样

（e）桃子纹样

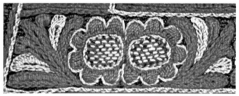
（f）菊花纹样

图3-32　东路式植物纹样

图3-33　松鼠和桃子组合纹样

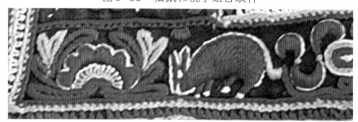

图3-34　兔子和萝卜叶组合纹样

（b）罗成与秦叔宝纹样

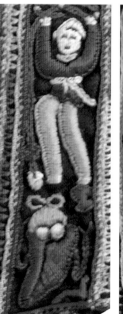

（a）姜太公钓鱼纹样　　　（c）梁山伯与祝英台纹样　　　（d）刘海戏金蟾纹样

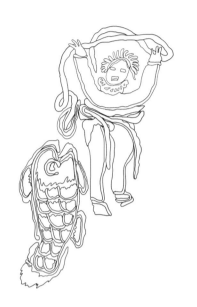

图3-35 东路式人物纹样

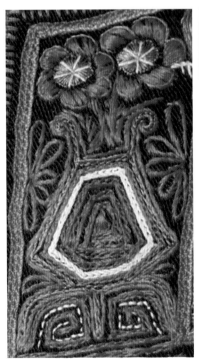

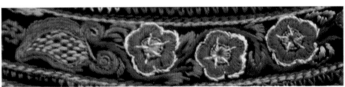

（b）花篮纹样

（c）书宝和纸宝纹样

（a）宝瓶纹样

（d）书宝纹样

图3-36 东路式器皿纹样

东路式花领衫花脚纹饰主要由中国传统纹样和几何纹样构成，种类繁多。中国传统纹样有正万字纹、斜万字纹、盘长纹（畲族称"六耳纹"）、三角雷纹、回纹、三字纹等（图3-37）；几何纹样包括瓦纹、水纹、水滴纹、米牙纹等（图3-38）。米牙纹呈细长、尖锐的三角形，造型形象逼真，通常与瓦纹一起作为边饰刺绣在服斗花池和花脚的边缘（图3-39）。以上两种类型的纹样或同类或相互组合在一起（图3-40），构成了东路式花领衫花脚独具特色的纹饰。

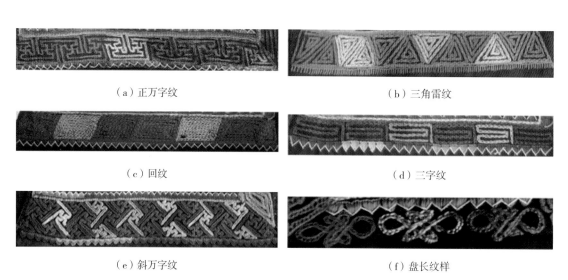

（a）正万字纹　　　　　　　　　　　　（b）三角雷纹

（c）回纹　　　　　　　　　　　　（d）三字纹

（e）斜万字纹　　　　　　　　　　　　（f）盘长纹样

图3-37　花脚纹饰（中国传统纹样）

（a）水滴纹样1

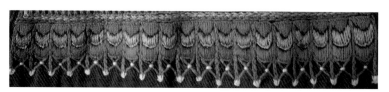

（b）水滴纹样2

（c）水纹

图3-38　花脚纹饰（水纹样）

（a）米牙纹

（b）瓦纹

图3-39　东路式花脚纹饰

（a）斜万字纹和回纹的组合　　　　　　　　（b）瓦纹、水滴纹和三字纹的组合

图3-40　东路式花领衫服斗花脚纹样组合

2. 纹饰的布局

如图3-41所示，在东路式花领衫服斗纹饰平面空间内，主要由三个"几"字状矩形花池分割组合而成，其中两个"几"字状矩形花池是相连且边缘线是相互平行的封闭平面空间，另外一个是紧沿"几"字状封闭矩形花池外轮廓走向的没有外框限制的开放平面空间（第三个花池）。它们相互套连着，由前右大襟的止口线向里平行按大、小顺序依次排列开。花脚紧挨着花池右下方外围，是呈卧倒的"L"状造型的纹饰组合。靠斜大襟止口最大也是最外围的"几"字状花池，其顶端矩形的宽为2.2cm、长为6cm，在此竖向平面空间内，安排单独的适合纹样，如立着的宝瓶纹样或刘海钓三脚金蟾纹样；第一个"几"字花池两边空间，上方空间长为15cm，下方空间长为12cm，宽均为1.8cm，由于此平面空间是狭长的形状，基本上均安排动、植物组合纹样。第二个"几"字状花池顶端宽为3.2cm、长约3.5cm，在接近正方形的矩形空间里，梁山伯与祝英台或秦叔宝和罗成等双人物纹样并排立于其中，成为东路式花领衫（三红衣）中唯一有固定位置的纹样；此花池平面上方空间长约12.5cm，下方空间长约9cm，宽均为2cm，基本上设置动、植物组合纹样（图3-42）。第三个"几"字状花池，相对于前两个平面空间封闭的"几"字状花池，没有边框的限制，

适合较大面积自由灵动的纹样，畲族最具代表性的牡丹与凤凰纹样装饰于其中，雍容大气的风格特征得到了充分展现（图3-43）。

图3-41　东路式"L"造型花脚

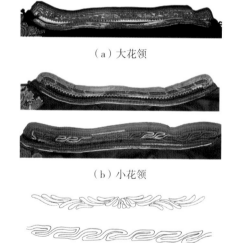

图3-42　东路式服斗纹样布局

"几"字形平面开放空间纹样

图3-43　"几"字状花池内凤凰与牡丹纹样

（a）大花领

（b）小花领

图3-44　东路式花领

东路式花领衫的领子上亦绣满装饰纹样，传统上基本以花卉纹样为主，根据花卉纹样的不同，分大花领和小花领（图3-44）（详见本章第四节），新中国成立后，领子纹样日趋简洁，常装饰三字纹、盘长纹等中国传统纹样。盘长纹，畲族人称之为六耳纹，因其有上、下、左、右六个角，故而得名。由于大领领面狭长的空间限制，盘长纹（六耳纹）也由方形变为长形，适合于其中。也有直接用红底印花土布或白底红碎花土布制作大领领

（a）三字纹领面

（b）盘长纹领面

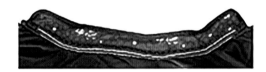

（c）土花布领面

图3-45　东路式领面纹样

面的（领面上没有刺绣纹样，图3-45），但小领领面均刺绣小花纹样。犬牙纹、三角形瓦纹等几何纹样作为辅助纹饰，固定地装饰在服斗和领子边缘。东路式拦身裙上没有刺绣纹饰。

3. 纹饰的色彩

东路式凤凰装花领衫纹饰更加绚丽多彩，主体一般以大红色为主，橙色、黄色、绿色、玫红色、白色为辅，蓝色极少使用。也有少数"武绣"❶的花领衫（图3-46）只有红色（大红色和粉红色）和白色两种色彩，整体呈红色调。"文绣"❷的花领衫纹饰色彩，红色也占据色彩约90％左右的面积，绿色作为红色的补色，以线条或小色块填补其中，恰好起到了点缀、衬托的作用，围绕在旁边的白色、黄色或橙色作为分离色，使其色彩关系既对比又不失协调（图3-47）。

---

❶ 武绣：花领衫图案少而简单且刺绣工艺较粗糙，当地畲族人形象地喻之为"武绣"。
❷ 文绣：花领衫图案繁复、精美且刺绣工艺精细，当地畲族人形象地喻之为"文绣"。

图3-46 "武绣"服斗   图3-47 "文绣"服斗

4. 纹饰的造型、构图和风格

东路式凤凰装中的凤凰纹饰，从形体上看更像喜鹊，翅膀较小，装饰重点放在头部和尾部。头部羽毛以不同的色彩分层刺绣，嘴和眼睛好似花蕊，整体造型好像一朵美丽的花瓣；尾部中间的一根羽毛造型较厚重、写实，旁边的尾羽则概括成数条婉转流畅的线条，有着流水般的韵律和节奏。有的单只凤凰或站或俯于折枝牡丹上，也有两只凤凰上下遥相呼应的；有的凤凰身体相互紧贴正在欢会，有的则回望来路、展翅欲飞……形式变化多样（图3-48），各式各样，形象栩栩如生，呼之欲出，充满人情味。东路式服饰凤凰纹饰造型丰富多变，既概括、洗练，又十分生动传情，是传统凤凰形象的提炼和升华，现代感十足。此外，凤凰纹样造型灵活多变，顺应花池外框曲线，适合于其中，与牡丹等植物纹样构成别具一格的构图形式，与其他花池内纹饰形成鲜明对比，同时又与之相呼应，使服斗纹饰既有对比又不失协调感。东路式凤凰装纹饰整体特征造型大胆、概括、写意，形式多样，富有创造性。

东路式花卉植物纹饰分为大花纹样和小花纹样，给人的总体印象是热烈、奔放，具有强烈的形式感和丰富的想象力。大花纹样是在写实的基础上加以变化，花朵大小有别、正侧分明。侧面花朵都是剖面式的，能够看到花蕊，造型仿佛一只展翅飞翔的蝴蝶，不同弯

曲程度的弧线组成了层层花瓣，花蕊呈闭合状被包围在中心，形成未完全开放之势。正面
花朵则以花心为中心，以一个大圈套一个小圈的形式构成（图3-49）。东路式花卉或动、
植物纹样组合在一起，常以对称形式、均衡形式、镜像形式出现在花池中（图3-50）。由
正面或侧面的三朵等同的大花或小花的组合纹样，也时常有序地排列在花池里，简洁而明
快，通常刺绣于花领衫服斗花池和大领领面上；小花纹样是东路式凤凰装特有的纹样装饰
形式，是以单纯的线条构成的一种抽象花卉纹样，以花心为中心，花瓣以抽象的线条形式
对称式地向左、右两端延展，极具概括力、想象力和创造力（图3-51）。通常以对称或镜
像形式刺绣于花领衫大、小领领面上（主要是小领领面），服斗花池内也偶有装饰。东路式
花脚运用的纹饰种类丰富多样，有瓦纹、水纹、三字纹、万字纹、三角雷纹、正四角回纹、
斜四角回纹等，一般都由两种纹饰如瓦纹和水纹、回纹和瓦纹、三角纹和瓦纹等组成，呈
倒着的"L"造型，位于服斗的最下方，紧挨着花池的底端，与花池纹饰首尾呼应，两者相
辅相成、相得益彰（图3-37～图3-39）。

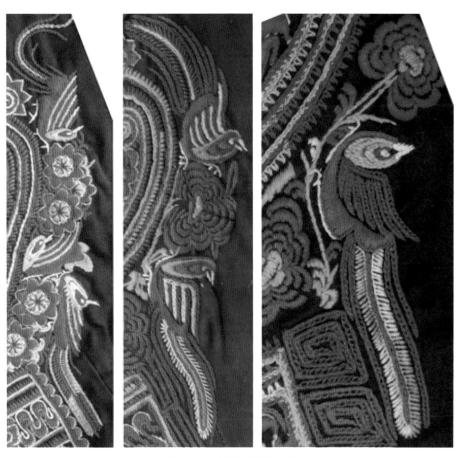

图3-48 东路式凤凰纹样

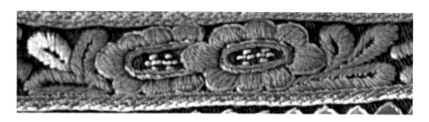

（a）正面花朵纹样

（b）侧面花朵纹样

图3-49　东路式大花纹样

（a）均衡形式

（b）对称形式　　　　　　　　　　　（c）镜像形式

图3-50　东路式组合纹样

图3-51　东路式小花纹样

第三节

霞浦畲族服装的文化内涵

一、浓厚的崇祖意识和教化功能

霞浦畲族凤凰装象征着一只身披五彩羽毛的美丽"凤凰"，不仅是标识性的畲族服饰文化符号，而且还具有浓厚的崇祖意识和重要的教化功能。畲族没有本民族的文字，霞浦畲族人通过以绣花针代替笔，以纹代字，通过刺绣工艺把"三公主和盘瓠的传说"的生命密码书写在身上，用体温去温暖、怀念、追思先祖。在霞浦畲族的婚礼仪式上，新娘必须穿上龙凤图腾纹饰的凤凰装，表示对畲族始祖传说的认同，对勤劳勇敢的"龙犬"与"三公主"的纯洁爱情追思与怀念。霞浦畲族至今还保留着"寓教于服"的传统，即母亲要在得闲时，指着那些凤凰、鳌鱼（犬）、古代人物故事等刺绣图案向孩子口述畲族历史。一方面传承着本民族的文化，以求在汉族为主体的社会中保持强烈的民族认同感；另一方面启蒙、培养孩子正确的人伦道德观念和对大自然的喜爱、敬仰之情。

二、自然、朴实的审美观念

畲族人自古以来一直生活在山区，过着"刀耕火种"和狩猎的日子，大自然是他们取之不尽的生活和美的来源。霞浦东、西路式畲服上的动、植物纹饰丰富多样，他们把林野间、村落里常见的植物花卉如竹子、向日葵、石榴花、牵牛花等，家禽、野生动物如松鼠、喜鹊、鹿、兔子、蝴蝶等都绣在凤凰装上。不仅如此，霞浦地区的畲族艺人在绣上衣服斗图案时，从不打底稿，而是通过丰富的生活累积和超凡的想象力，对现实物象进行高度概括、夸张变形，使纹样造型和空间布局呈现出纯真、质朴、无拘无束的形式美感。在实地考察中，笔者常常陶醉于那里的青山绿水，体会到自然赋予人的一种生命能量和创造力。正因如此，对世代生活、劳作于这片青山绿水之中的霞浦畲族人来说，这种特殊的地理生存环境塑造了他们热爱自由、崇尚自然、质朴达观的民族性格，形成了以自然、朴实为美的审美观念和不拘一格的创造力，由此而成的独特审美意蕴成为其民族文化的共同重要组成部分和显著特征。

三、吉祥寓意的表征

霞浦畲族凤凰装不仅有相同的审美表现形式，还包含共同的审美情感和内涵。由于历史原因，长期的迁徙造成畲族人分散居住于深山之中，势单力薄，故而他们热切渴望通过繁衍来实现自身的发展、壮大和昌盛。这种生殖繁衍的意愿以纹饰的形式鲜明地寄托在凤凰装上。蝴蝶是霞浦东、西路式凤凰装上经常运用的主要动物纹饰之一，在畲族人心目中是带有生殖繁衍的寓意。霞浦西路式拦身裙上的蝴蝶纹饰，十分突出醒目，程式化地被固定在裙身花池上端左右两角，仿佛在守护着女性的生殖器官（图3-52）。几乎每一件东路式上衣服斗花池内都有蝴蝶

图3-52　位于拦身裙角的蝴蝶纹样（右图拍摄于霞浦县博物馆）

图3-53　双狮戏球

纹饰，通常与盛开的花卉纹样结合，表现传播花粉之象，实则喻示生殖繁衍之意；狮子是以前畲服常用的纹饰，现已走向式微，基本不再运用。狮子被畲族人当作驱邪镇宅之神外，还被当作子孙繁衍、家族昌盛的象征（图3-53）；东路式凤凰装上的兔纹饰，成双成对地追逐、嬉戏、欢爱，充满了对生殖本能的渴望（图3-54）。

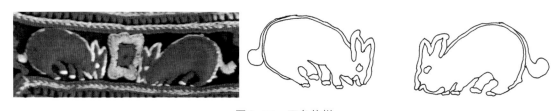

图3-54　双兔纹样

　　人物纹饰多取自于汉族古代戏剧故事，如借梁山伯与祝英台的人物戏剧造型，常常用来隐喻一对男女欢会的情景，此纹样鲜明地寄托了霞浦畲族人民对于家族兴旺、生命繁衍不息的美好期盼与崇拜。此外，受汉族传统吉祥文化的影响和汉化，凤凰装形象地承载了畲族人民对美好幸福生活的祈福、向往和热爱，鲜明地体现出祈福纳吉的文化特征，如霞浦东、西路式凤凰装上衣，都喜欢在服斗花池内竖向位置固定地安排花瓶图案，"瓶"与"平"谐音，引申为"平安"的意思，瓶口常插牡丹，与凤凰纹饰组合，寓意着平安富贵、人丁兴旺（图3-55）。如此的吉祥图案在东、西路式凤凰装上比比皆是，几乎每种纹饰组

图3-55　牡丹、凤凰、花瓶纹样组合

合都有美好的寓意：鳌鱼浮亭寓"独占鳌头"之意（图3-56）；八仙人物和暗八仙器物纹饰代表着快乐和长寿；一对喜鹊寓意"双喜临门"，喜鹊踏梅花称"喜上眉梢"（图3-57）；鹿与竹纹（图3-58）表"平安吉禄"之意；鹤与松树寓意"长寿"（图3-59）；龙树纹象征着福寿绵绵不断等（图3-60）。纹饰均以谐音、比拟、象征、隐喻等手法进行吉祥寓意的演绎，一代又一代传递着霞浦畲族人民美好的意愿和祝福。

图3-56　鳌鱼浮亭纹样

图3-57　喜鹊闹梅纹样

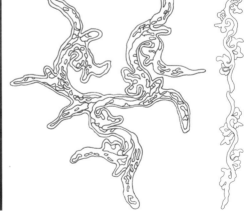

图3-58　鹿与竹纹样　　　　　　　　　　　图3-59　松鹤纹样

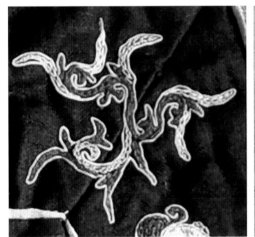

图3-60　龙树纹样

第四节

霞浦畲族东、西路式服装的区别与联系

霞浦东、西路式畲族服装均是围绕以霞浦县城关为中心的汉族文化圈逐渐形成的，同属于霞浦式畲族服饰文化类型，有着十分鲜明的民族特色，是畲族服饰文化的典型代表。霞浦东、西路式畲族服装既有区别又有联系，区别在于花领衫和拦身裙造型、纹样、局部结构上存在着差异，联系表现在文化上的紧密相连，总体上共性大于个性。

一、霞浦畲族东、西路式服装的联系

1. 非平面性审美特征

霞浦畲族东、西路式花领衫（上衣）纹饰布局都具有非平面性的审美特征，这体现在以下方面。

（1）纹饰在东、西路式花领衫（上衣）中的布局安排：东、西路式凤凰装在人体穿着状态下，呈前、后、左、右、上、下三维立体效果。纹饰安排布局于东、西路式花领衫（上衣）的前胸襟部位，且连片成一个装饰整体（服斗），与其他服装部位自然而然形成一种相邻或相连的空间关系。东、西路式花领衫（上衣）纹饰正位于此三维空间中醒目的正前方主体视觉中心，从此角度出发，纹饰在花领衫中是立体的而非平面的空间布局。

（2）服斗纹饰的立体视觉效果：凤凰装中的动、植物纹饰基本上来源于当地畲族人的自然生活中，如兔子、松鼠、桃子、萝卜叶、石蒜花、菊花等。这些纹样的本源真实地存在于畲族人的日常生产活动中，应用到凤凰装中，虽然造型被一定程度的改观，但仍包含且散发着强烈的生命力。畲族"做衫师傅"❶通过对生活的观察和积累，简单而特殊的刺绣

---

❶ 做衫师傅：霞浦畲族凤凰装制作工艺是师徒式的代代传承，学徒期一般为三年，期满艺成出师，就可自立门户，成为"做衫师傅"。平时这些做衫师傅在家接上门活，遇有订婚畲族女性，则被邀请至女方家专门为她们制作嫁衣（凤凰装）。

工艺手法，赋予这些纹饰的花瓣、花蕊、叶子、枝茎等立体饱满的造型，使之栩栩如生，用针和线塑造了类似于半浮雕式的装饰效果，纹样及其之间的高、低起伏，错落有致，创造出凤凰装纹饰一种别致的立体空间布局格式。

2. 服斗纹饰的平面空间布局

东、西路式花领衫纹饰空间布局的第二特征是它的平面性，即其审美的平面空间性。相对于非平面性特征，凤凰装纹饰审美的最显著特征还是二维平面空间内视觉关系的秩序与规则，而这首先体现在花领衫服斗纹饰整体平面空间内的布局。

（1）纹饰在服斗平面空间内的整体布局：服斗是东、西路式凤凰装面积最大也是最集中的纹样装饰平面空间，均由花池和花脚两大部分构成。花池与花脚在造型上相互契合，巧妙地构成了东、西路式花领衫（上衣）服斗纹饰平面空间的整体布局形式。

（2）花池与花脚的方位与比例：花池占据了服斗纹饰面积的绝大部分，是由动、植物和人物等纹样组成的装饰主体，位于服斗纹饰平面空间的正上方，亦是视觉的物理中心，十分突出醒目。花脚位于服斗纹饰平面空间的右下方底端，所占的面积很小，起着点缀、衬托、强调花池装饰主体的辅助作用。花池与花脚在服斗中的位置与比例，主次分明，一放一收，相得益彰。

（3）服斗花池内纹样的布局：动、植物和人物等纹样在东、西路式花领衫（上衣）服斗花池内的布局，并不是由畲族约定俗成的某种传统民俗决定的，而是做衫师傅衡量花池不同平面空间横向、纵向的宽窄、长短尺寸，是否适合安排某种造型的纹样，分区域进行安排。做衫师傅经过三年学徒期的锻炼，服斗各种纹样造型及其刺绣手法已熟记于心，刺绣时无需用笔描稿，则是凭借经验用心和绣花针在服斗平面空间内描绘纹样，边"画"边绣，使纹样逐步地布满服斗整个平面空间。在此过程中，还可以不留痕迹地根据需要适时地修改、调整刺绣图案，使其之间的视觉关系更趋合理和精美。

3. 服斗花池平面空间内的留白

在现代平面设计中，虚无与空白的表现形式被称为"留白"，即指版面未配置任何图文的空间。花池平面空间内的留白，是指没有五彩纹样刺绣的黑色或靛蓝色衣身布底平面空间。实质上是畲族做衫师傅凭借多年的经验，边绣边比画，恰到好处地拿捏，在理性与非理性的复杂考量与感性抉择中，以针代笔"画"在服斗花池平面空间里，构筑了纹样在服斗方寸平面空间内的造型、大小、疏密与虚实关系。是介于设计与非设计之间的一种平面创作活动，即服斗纹样平面空间构筑形式——视觉关系秩序与规则。

在东、西路式花领衫（上衣）服斗花池的方寸之间，纹样与布底之间虚中有实、实中有虚，动静相宜、疏密得当。畲族做衫师傅在服斗纹饰的绣制过程中，每个纹样及其之间的衔接、穿插都经过缜密的思考和安排，看似简单，实际操作难度很大。有时一不小心哪个纹样绣多了或绣少了，留白就会出现疏密不当，每一个增加的地方或减少的地方都是不可或缺移易的，于此用"增之一分则太长，减之一分则太短"来形容一点也不为过。

在走访东路式做衫师傅兰清桃在绣制服斗"刘海钓三脚金蟾"纹样的过程中，金蟾的右边身体绣得向里弯曲些，留下的黑色布底面积稍大，使得纹样在整体视觉关系上不够协调到位，最后加了一根水草纹样作为补充（图3-61）。西路式做衫师傅钟李发在绣制服斗的过程中，也做过类似的平面空间内纹样之间的虚、实调整。

添加水草纹样

图3-61　服斗纹样的视觉关系调整

除此之外，霞浦东、西路式服装有着共同的文化表征，如龙（盘瓠）、凤凰（三公主）共同的民族图腾信仰、相同的审美表现形式与审美意蕴和内涵（详见第三章第三节），体现了霞浦畲族人民的智慧和卓越的艺术创造力。

二、霞浦畲族东、西路式服装的区别

西路式花领衫服斗是由1～3个类似英文字母"L"造型的花池组成，纹样集中装饰在此封闭的平面空间内。服斗花脚与花池截然分成两个区域，既相互独立又相互衬托。东路式花领衫服斗花池造型比西路式花领衫服斗花池向内直线多拐了一个弯，呈"几"字状。

最里圈花池内牡丹和凤凰纹饰紧沿第二个"几"字状花池的外轮廓线蜿蜒而上，与下侧方的花脚纹饰连成一体，形成一个没有外框限制的"几"字状开放平面空间（图3-62）。这是东、西路式畲族服装最显著的区别特征之一。

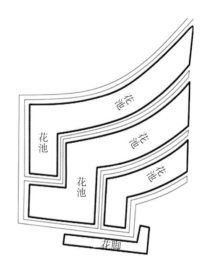

（a）西路式花领衫服斗造型

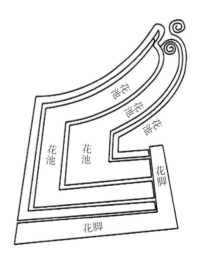

（b）东路式花领衫服斗造型

图3-62　西路式与东路式花领衫服斗造型比较

霞浦东、西路式花领衫服斗纹样除了在造型、构图和风格上有所不同，纹样的构造形式也有差异。西路式花领衫服斗纹样只有单一的构造形式，缺乏变化。如梅花、牡丹、蝴蝶等纹样，样式几乎是千篇一律，只有大、小和多、少之分，重复地布局在适合的服斗平面空间内。东路式花领衫服斗平面空间内，同一种纹样为了适合花池不同区域的封闭平面空间,在造型、大小、动态等方面产生着相应的变化。如石蒜花纹样,就目前田野调查走访所见的东路式凤凰装中,发现了四种不同造型的石蒜花纹样,分别位于三件凤凰装服斗花池不同方位的平面空间内,亦圆亦方,亦长亦短,亦大亦小,因"地"制宜、恰如其分地装饰于其中(图3-63)。这是东路式凤凰装中最典型的纹样适合变化。除了花卉纹样,动物纹样亦是如此。蝴蝶纹样经常被装饰在同一件东路式凤凰装服斗花池内的不同方位。在服斗最外围的"几"字状花池下方面积相对较大的矩形平面空间内,一对展翅飞翔的蝴蝶一左一右围绕着花朵的纹样正适合于其中。但当花池空间面积不够大的时候,蝴蝶纹样的动态是静止的,翅膀展幅不大,长度和宽度均小于飞舞的蝴蝶纹样(图3-64)。

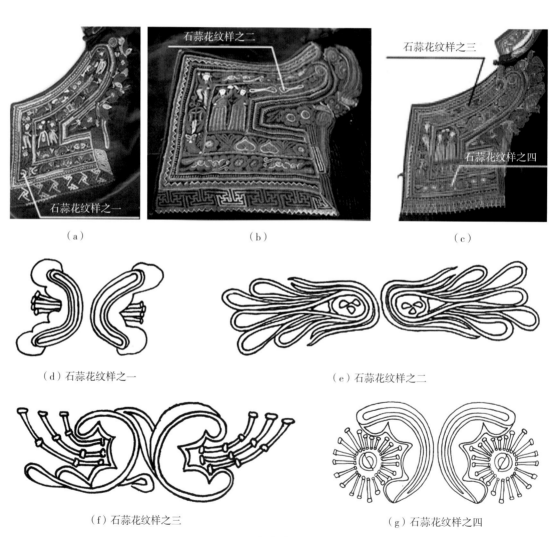

（a） （b） （c）

（d）石蒜花纹样之一　　　　　　　（e）石蒜花纹样之二

（f）石蒜花纹样之三　　　　　　　（g）石蒜花纹样之四

图3-63　东路式石蒜花纹样

（b）飞舞的蝴蝶纹样

（c）静止的蝴蝶纹样

（a）

图3-64　东路式动态、静态的蝴蝶纹样

　　霞浦东、西路式花领衫结构的区别主要在领子和前衣身的长短上。西路式花领衫领式为单领；东路式花领衫领式则为复领，分大、小领。西路式花领衫左、右前襟的长度相同，前身衣下摆长度相同，并略长于后身衣下摆；东路式花领衫的前右襟片衣长比前左襟片短约14cm，两者一高一低，不在同一衣下摆线上，前、后衣下摆长度相同（图3-65）。

图3-65　东路式花领衫衣下摆

　　西路式拦身裙造型呈梯形。裙内的传统刺绣纹样主要以动物和人物为主，沿裙上边和两侧呈梯形排列，形成梯形花池，一般为1~2个花池。动物纹样以蝴蝶、凤凰为典型代表，鳌鱼、狮子、鹿、八仙过海、梁山伯与祝英台等动物、人物纹样也较常见。新中国成立后，拦身裙纹样逐渐简化到只有两个牡丹花篮装饰于裙身左、右。东路式拦身裙造型近

似长方形，裙内没有刺绣装饰纹样，只是在裙中央装饰着一块接近正方形的淡绿色素面绸布或绿色印花绸布。

东、西路式凤凰装的服装构成和形制基本相同，区别首先在于凤冠、发型、花领衫服斗和拦身裙上的纹饰及其布局，其次在花领衫袖口、衣摆、领子部位存在着细节上的差别。它们在文化上紧密相连，构成了极具民族特色的"霞浦式"畲族服饰，承载着畲族原始的图腾崇拜观念、祈福纳吉的吉祥文化观念和自然朴实的审美观念，是畲族服饰文化的共同表征，是民族文化的重要组成部分。

CHAPTER

4

第四章

霞浦畲族服饰配件

第一节

首饰配件

自明清以来，霞浦畲族银饰经历了几百年的变更，仍保持着简约、质朴的风格。霞浦畲族妇女佩戴的传统首饰，多为银制品，一般分为耳饰和手饰。

一、耳饰

耳饰主要有银质的耳环、耳牌。霞浦畲族东、西路式服饰分布区域的妇女佩戴的耳环，在材质、款式、工艺手法等方面均相同。耳环的造型像旧时家里床上挂蚊帐的钩子，故又俗称"耳钩"（图4-1）。耳环分大、小两种，大耳环直径可达6cm，是畲族已婚妇女佩戴；小耳环直径一般是大耳环的二分之一或三分之一，为畲族未婚少女佩戴。

东路式畲族服饰分布区域的妇女除了戴耳环外，还佩戴耳牌（图4-2）。"弓"字型的耳钩上吊坠着三脚银牌，银牌上錾刻着凤凰、蝴蝶等图案。银牌的造型与凤冠上的三脚银牌相同，也同样有着美好吉祥的寓意。

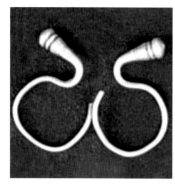

图4-1　耳钩

图4-2　耳牌

二、手饰

1. 手镯

手镯是畲族银饰的重要组成部分。相比于福安、罗源等宁德地区的畲族银饰，霞浦畲族银质手镯风格古朴简单，款式主要有九圈镯、扭索银镯等，但亦有少量以龙凤、牡丹、梅花图案为主用于婚庆的精品银饰，如缠枝梅花扣锁镯、龙纹银质镀金手镯等。九圈镯、因镯上扣有九圈而得名（图4-3），属于霞浦西路式服饰配件。九圈镯多为光面无纹，朴实无华。手镯为推圈，可随时调节佩戴的大小尺寸。

扭索银镯，采用一条或若干条银条扭成绳索状，直径约6cm，两头不相连，可灵活调节手镯的佩戴尺寸（图4-4）。一般为东路式畲族服饰分布区域的妇女佩戴。

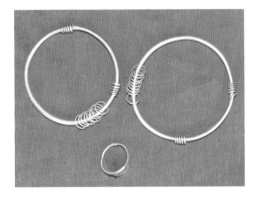 

图4-3 九圈镯　　　　　图4-4 扭索银镯（拍摄于宁德畲族博物馆）

缠枝梅花扣锁镯和龙纹银质镀金手镯（图4-5），造型繁复，工艺精湛，造价昂贵，是"福安式"畲族服饰配件。在霞浦畲族，只有有钱的地主或富裕人家，才有条件去福安请有名的畲族打银师傅定制和佩戴。

 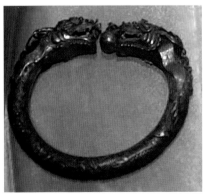

图4-5 龙纹银质镀金手镯（拍摄于宁德畲族博物馆）

2．戒指

畲族的戒指款式有银质八卦戒、圆戒、奶头戒等。

霞浦式畲族手饰主要以八卦戒指居多，戒面造型为圆形，直径约1.2cm，戒面多錾刻着传统阴阳八卦纹样（图4-6），下图为现代仿制的八卦戒，作为工艺品对外销售。

圆戒是圆环造型，粗细均匀，戒面宽约0.3cm，戒面上錾刻有龙树纹样，此样式为霞浦西路式所特有。霞浦西路式还有一款圆戒，戒面宽约0.6cm，类似缝制衣服的顶针（图4-7）。霞浦东路式圆戒上一般錾刻有腰带中的一种纹样或几种纹样的组合。

奶头戒是东路式畲族妇女戴的一款造型特殊的戒指，戒面上耸立着两个立体的半圆形，形似女性的乳房，当地俗称"奶头戒"（图4-8）。

图4-6　八卦戒（下图为现代仿制品）

图4-7　圆戒

图4-8　奶头戒

第二节

服装配件

一、腰带

　　霞浦畲族服饰的编织物，主要是腰带，又称为合手巾带（花腰带）。合手巾带是畲族年轻姑娘的定情信物。定亲时，女方家的回礼中必须有姑娘织的花腰带。在霞浦畲族中，未婚的畲族女性一般系一条腰带，长约200cm，宽约3cm，中间纹样宽约1cm，色彩为蓝底黑纹或红底黑纹（图4-9），用时由前向后绕两圈，有流苏的一端在前腰正中搭接；已婚的畲族妇女系两条白色素面腰带，长约100cm，宽约3.5cm，两端缀有流苏装饰（图4-10），其中一端缝有扣子，用时把扣子扣入拦身裙裙腰上的扣襻内，把腰带一端固定在拦身裙上，两条腰带向后绕围至前腰正中相系，长长的流苏垂搭在拦身裙上，好似凤凰美丽的尾羽。合手巾带的长度可根据腰的胖瘦调节尺寸。霞浦畲族人民还在长期的劳动实践中，在合手巾带的基础上，发明了合手巾式的钱袋，上集市或外出时系在腰上，钱袋位于前腰，即安全又便于使用（图4-11）。

图4-9　未婚畲族女性的合手巾带

图4-10　已婚畲族女性的合手巾带

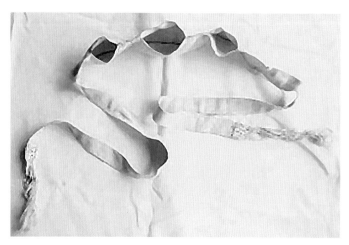

图4-11　合手巾式的钱袋

二、绑腿

绑腿仅存于霞浦式、罗源式、顺昌式畲族服饰中，其绑腿样式和绑法基本相同。绑腿不仅实用，还具有装饰美化功能。

绑腿是过去霞浦畲族女子上山劳动时必备的传统装束，当地人俗称"脚绑"（图4-12）。绑腿造型为直角梯形，颜色多为白色或黑色，少有黑、白、红三色相间的，绑带共有三条，其中一条末端连着一个带圈，带圈上缀有流苏。绑时，先将梯形绑腿覆盖在小腿前面，再将第一条绑带穿过扣襻，把绑腿的直角边系牢于膝盖下方；第二条绑带穿过锐角边扣襻系于脚踝处；第三条红色绑带穿过带圈，置流苏于脚踝外侧，绕过脚踝从小腿前斜上，与第一条绑带系在一起，小腿肚则露在外面（图4-13）。

图4-12　脚绑

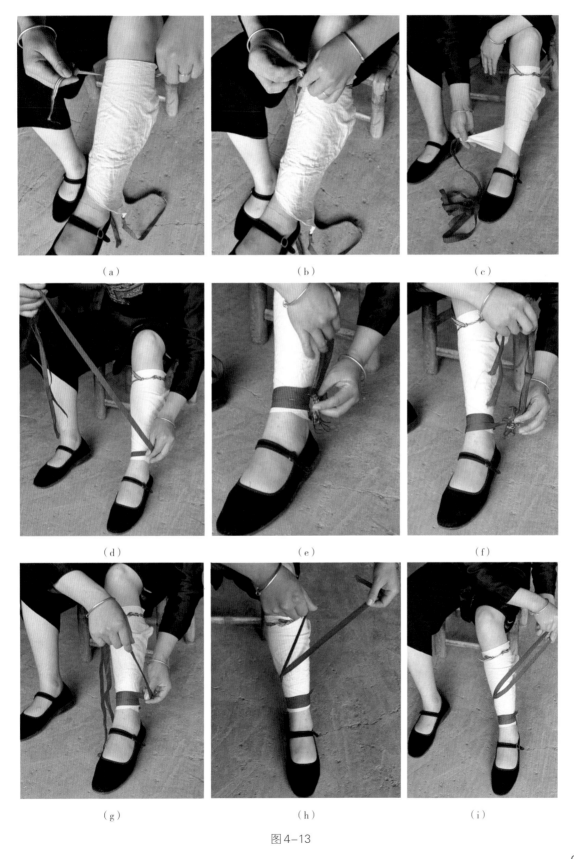

图 4-13

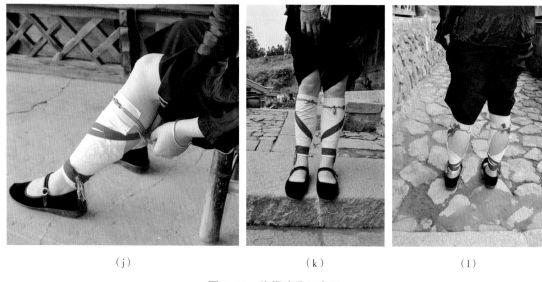

（j） （k） （l）

图4-13 脚绑步骤示意图

三、斗笠

斗笠，或称为"花笠"（图4-14），为畲族女子所专用，是畲族姑娘出嫁的重要饰品，传说是"公主顶"（凤冠）演化而来的。编制畲族花笠，是霞浦畲族古老的传统手工技艺。在崇儒乡上水村，花笠的编制技艺被一代一代传承下来。畲族花笠制作技艺也被列入宁德市"申遗"项目，村民兰心伫、吴孙存和兰寿是花笠制作技艺的传承人。编制畲族花笠一定要采用一种特殊的竹子——袅竹。其编制过程十分复杂，共分为取样、过键门、刮篾、破篾、编制、拗檐、装镶、捆檐、装饰等程序和阶段。畲族斗笠按其花纹分类，有笠斗燕、四路、三层檐、云头、狗牙、斗笠星等几种。

图4-14 霞浦畲族花笠

四、布鞋

霞浦畲族的传统布鞋颇具民族特色。
女子穿的布鞋，平头，圆口，厚底，鞋口
边缘以红、黄、绿等颜色的线迹装饰，黑
色鞋面上有一道外凸的红色中脊，或素面
或刺绣有简单的花草纹样，俗称"单鼻鞋"
（图4-15）。男子所穿的布鞋，款式基本与
单鼻鞋无异，只是鞋面上有两道中脊，素
面无刺绣纹样，俗称"双鼻鞋"。此种鼻鞋
民国后逐渐少见，大多仅做婚礼与随葬之用。现在霞浦畲族人平时所穿的鞋子，与汉族无
异，鼻鞋只有在老人寿终时使用。

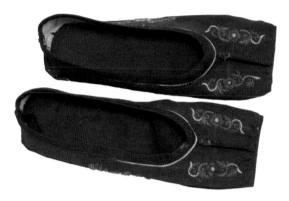

图4-15　单鼻鞋

CHAPTER

5

霞浦畲族服装结构与工艺

第五章

第一节

霞浦畲族服装结构

东、西路式花领衫（上衣）均为右衽大襟样式，基本沿袭了汉族传统的服装结构，只是在不同时期，大襟和领子上的刺绣纹样有所变化。古代中原汉族服装衣襟向右，以"右衽"谓华夏风习。霞浦畲族服装深受汉族服饰文化的汉化与影响，由此可见一斑。

一、西路式畲族服装结构

1. 花领衫

霞浦西路式花领衫（上衣）造型宽松，衣摆略微向外斜出，整体呈小A字造型（图5-1）。制图步骤如下：

（1）领子：西路式上衣的领式为中式单层立领，类似于旗袍领，后中立领高为3.5cm，领围为37cm。

（2）袖子：西路式上衣的袖子为连肩袖，在袖肘上方约8cm处，有一条分割线，即接袖。从领后中心线到袖口的距离为71cm，袖口围为30cm，袖口内接约3cm宽的蓝色布条，穿着时把袖口卷起露出蓝色的边起装饰作用。

（3）前襟（服斗）：西路式上衣的斜大襟，从前中心线至止口线伸出的直线距离为16cm，从前中心线上的领窝点至止口线上端顶点的斜线距离为21cm。

（4）衣身：西路式上衣的后衣长为74cm，前身左、右两斜襟的长度相同，在同一衣底边线上，上衣左、右侧缝开衩均为30cm。

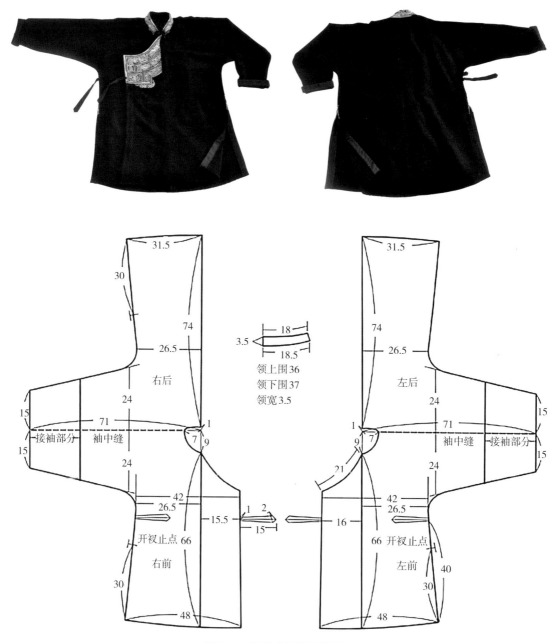

图5-1 西路式花领衫结构图

2. 靠仔衫

靠仔衫为中式对襟样式（图5-2），款式类似于清代的马甲，整体呈A字造型，立领，无袖，肩宽至肩峰点，后片中心线破缝，前、后衣片侧摆处有长31cm、宽为7.5cm的三角形布片拼接。靠仔衫结构的最大特点是前、后衣片通过腋下两小片有刺绣纹样的梯形布片相连接（参见图3-9），侧面无接缝。

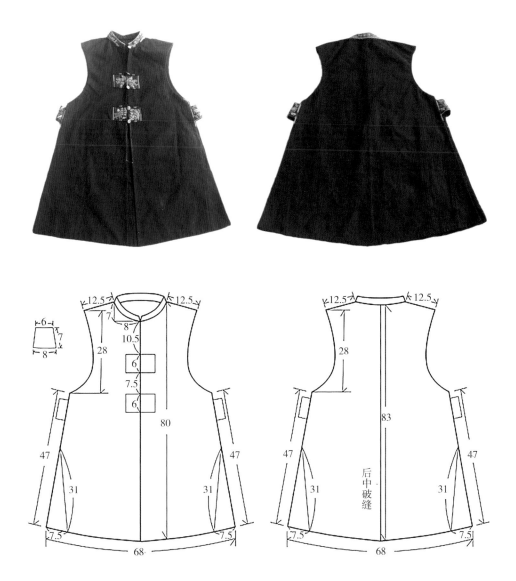

图5-2　靠仔衫结构图

3．拦身裙

西路式拦身裙整体造型呈梯形，侧边长为27.5cm，上边宽为35cm，底摆弧长为70cm。由腰头和裙身两大部分组成，款式类似于汉族旧时的围裙。高腰，腰头宽约10cm，与裙身拼接、缝合，腰头左、右两侧有布扣襻，方便系腰带。裙身左、右两侧各有5个长约22cm的细褶，增加了裙摆量，裙边梯形花池上端两角中心线分割，裙底摆起翘，呈圆弧造型（图5-3）。

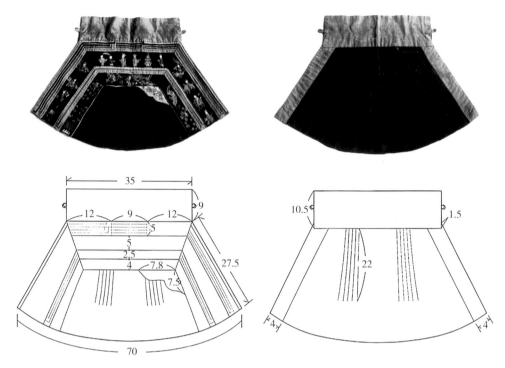

图5-3 拦身裙结构图

4．裤子

西路式裤子分男裤和女裤，均采用折叠裁剪法进行裁片。女裤整体为三片式结构，左、右裤筒和裆部分割为三片，裤身左、右侧缝对折裁剪，裤侧无破缝。为了节省布料，裆部由两块边角料裁片拼接而成。女裤前、后结构相同，高腰，腰头宽为13cm，与裤筒拼接，低裆，裤腿略收（图5-4）。男裤整体为两片式结构，裁剪较女裤更为简便，裤筒长为

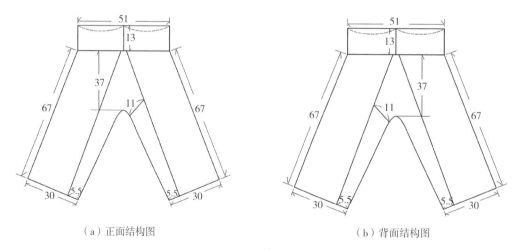

（a）正面结构图　　　　　　　　　　　（b）背面结构图

图5-4 女裤结构图

90cm，立档线由裤臀底线向上斜至裤腰线，把裤前片一分为二（图5-5）。西路式男、女裤结构的共同特点是裤身裁剪时侧缝对折，左、右侧无破缝，裁剪尺寸可视穿着人的胖瘦进行调整。

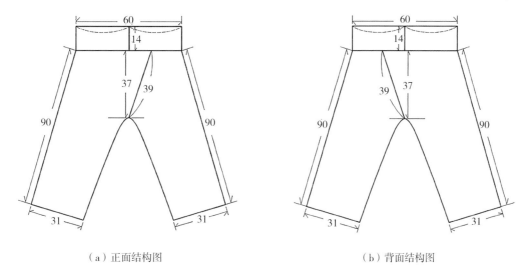

（a）正面结构图　　　　　　　　　　　　　　　（b）背面结构图

图5-5　男裤结构图

二、东路式畲族服装结构

1．花领衫

东路式花领衫（上衣）整体造型亦呈小A字型（图5-6），除领子外，大身结构和裁剪方法与西路式花领衫基本相同。制图步骤如下：

（1）领子：东路式上衣的领式为中式双层立领，分大、小领。大领造型与西路式相同，后中立领高为4cm；小领高为1cm，从里到外由6层布做成，造型饱满立体，置入大领的领围线上，领围略大于大领。

（2）袖子：东路式上衣的袖子亦为连肩长袖，领后中心线至袖口的距离为75cm，袖口围为29cm，袖口内接约3cm宽的红色布条。

（3）前襟：东路式上衣的前大襟，从前中心线至止口线伸出的直线距离为12.8cm，从前中心线领窝点至大襟止口线上端顶点的斜线距离为15cm。

（4）衣身：东路式上衣的左前片衣长为67cm，但大襟的底边线随斜襟向右逐渐提升。右前片衣长为52cm，比左前片短15cm，两者不在同一衣底边线上，上衣左、右侧缝开衩均为22cm。

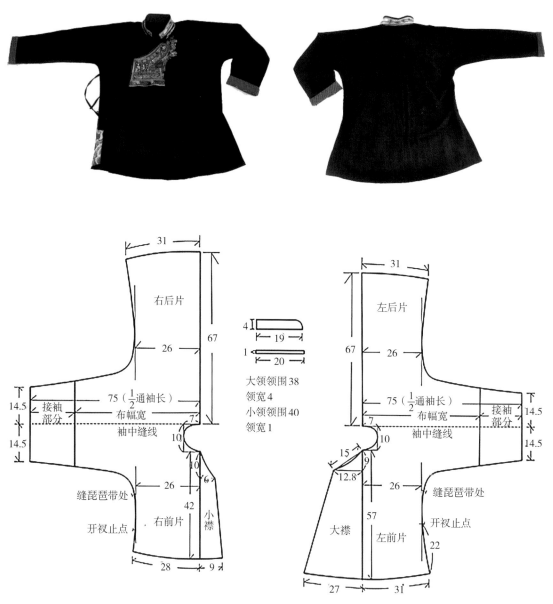

图5-6　东路式花领衫结构图

2．拦身裙

东路式拦身裙整体造型亦呈梯形，裙身为黑色或藏蓝色（图5-7）。裙长为33cm，裙腰宽为50cm，裙摆宽为57cm，上、下两边长度差额不大，接近长方形造型，裙腰头高为7cm、长为50cm，裙边滚宽约1cm的土布材质的边，裙中央装饰一块边长约26cm的正方形淡绿色绸布。

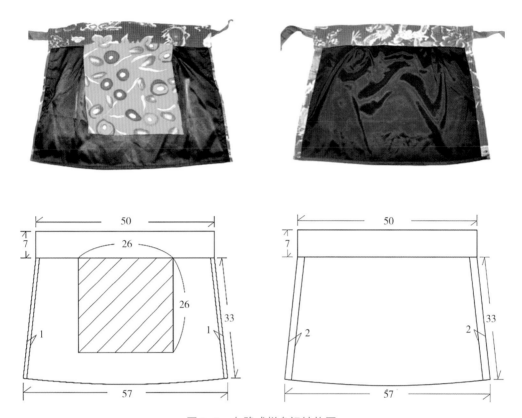

图5-7　东路式拦身裙结构图

3. 大裙

东路式大裙为围裹式长裙（图5-8），整体呈大A字造型，裙身为靛蓝色或黑色素面，由两裙片重叠而成（图5-8所示阴影部分为重叠结构），重叠量为27cm。裙身长为70cm，腰围为84cm，腰头高为9cm，腰头两侧缝有系带，在裙腰的两裙片重叠处均匀地各打5个活褶，使裙子穿着更加舒适合体。

图5-8

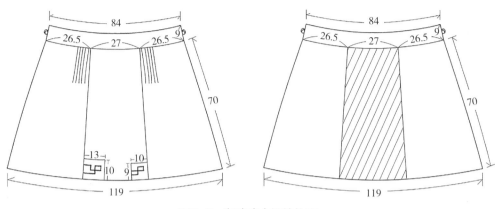

图5-8　东路式大裙结构图

第二节

霞浦畲族服装传统工艺

一、刺绣工艺

1. 霞浦畲族传统刺绣概述

刺绣工艺是霞浦畲族的传统手工技艺，是畲族服装传统工艺的重要组成部分。霞浦畲族从事制作凤凰装者历来都是男性，当地人称"做衫师傅"。制作工艺包括量身、裁剪、缝纫、嵌边、烫衬、做纽扣和刺绣，其中主要时间花费在花领衫（上衣）、靠仔衫和拦身裙纹饰的刺绣上。根据纹饰内容，刺绣一套凤凰装，少则十几天，多则两三个月才能完工。经过多次田野考察，经过一段时间的调研，霞浦西部畲族聚居地由于地理位置因素，远离汉族文化圈，故西路式凤凰装刺绣手法受汉族影响较小。霞浦西部畲族人民在长期的劳动实践过程中，创造出本民族特色鲜明的刺绣手法，具有典型的代表性。课题组寻找到霞浦县目前仅存的能够按传统工序和手法制作西路式凤凰装的做衫师傅钟李发，本章将以霞浦畲族西路式凤凰装为例，就凤凰装传统刺绣工艺流程、针法及特点进行研究、分析和总结。

2. 霞浦畲族传统刺绣的工艺流程及针法

霞浦畲族传统刺绣工艺所用的材料和工具简单却很独特，主要有彩色丝线、珠线、金线、线排、绣花针、熨斗、糨糊、剪刀等。其中珠线和线排为畲家传统刺绣所特有。珠线只有白色一种色彩，由双股木棉纱线绞拧而成；线排则为梳理绣线所用（图5-9）。

（1）霞浦畲族传统刺绣的工艺流程：

①选定刺绣图案：霞浦畲族在婚礼、节日和做客时穿着的凤凰装上的刺绣图案，均有较固定的传统习俗模式。畲族做衫师傅正是以此为前提来选定刺绣图案。

②描稿：霞浦畲族的做衫师傅在三年学徒期间，须用笔按照已选定的图案内容在布料上进行描画，并熟记于心，待出师后则无须用笔而是用心去描绘凤凰装上的刺绣纹样，而且还可以不留痕迹地根据需要灵活地修改、调整刺绣图案，使纹饰布局更为合理和精美。

③制作绣片：这个工序相当于汉族刺绣工序中的上绷工艺（把布绷在绷框里，使布表面绷直、平整，便于刺绣），在面料上裁出花领衫需要刺绣部位的裁片，如领面、服斗（花池）等，然后用报纸（传统上使用一种特制的纸质衬料，新中国成立后此工艺已失传，现用报纸替代）裁出与这些部位裁片相同的造型，但不留1cm的缝份，上浆后粘贴在面料裁片的反面，之后沿1cm的缝份斜着均匀打剪口并刮浆，然后将面料裁片的缝份翻粘到背面的报纸裁片上并做净，用熨斗烫干、压平。最后以同样方式在报纸裁片上再浆上一层红色棉布。

④配色选线：根据图案内容将红、黄、绿、橙等彩色丝线，并排穿插在线排的齿梳中备用，白色珠线单独放置。

⑤绣制：根据刺绣纹样内容将绣花针分别穿上红、黄、绿、橙等彩色丝线，运用相应的针法，在服斗花池和领面绣片上进行绣制；绣完后，将绣片的反面上一层浆，用老式铁熨斗烫压平整；再用白色珠线沿着已绣好的凤凰、鳌鱼、牡丹花等纹样的外轮廓进行刺绣；用金线在花心、花瓶、植物枝干等部位做最后的刺绣点缀；最后缝合花池，完成服斗的制作（图5-10）。然后绣制花脚和上衣左、右两侧开衩顶端及边饰纹样。

⑥完成：绣制完成后整烫，与大身衣片缝合。

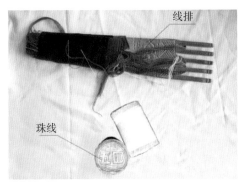 

（a）珠线与线排 （b）彩色丝线

图5-9 珠线、线排和彩色丝线

图5-10　服斗裁片与绣制

（2）霞浦畲族传统刺绣的针法：

以花扣针、钉线绣针法为主，错针、扭针、两步针、扣扭针、齐针、打籽针法为辅。

①花扣针、钉线绣、打籽针、齐针：凤凰装上领面、服斗（花池）内的人物、动植物、花卉纹样，均由以上几种针法绣制。花扣针针法与汉族的"辫子股"绣法相同，即呈一条直线的辫子造型，但其应用方式却大相径庭。除此之外，花扣针也用于花池边饰的刺绣。钉线绣用双针协作完成，一根针穿白色珠线，围绕已绣好的动、植物等纹样的轮廓，紧接着用另一根穿白色细丝线的针，分小段（约0.5cm，拐弯处约0.3cm）地等比横向地套过白色珠线固定，勾勒、明晰了动、植物和人物纹样的外轮廓线。齐针针法基本与苏绣的平针针法相同，只是起针和落针更加灵活多变，用于刺绣凤尾长且飘逸的羽毛。打籽针用于刺绣花蕊、果实和梅花鹿身上的斑点，绣法与汉族的打籽绣相同，是最后的点缀之绣。

②错针、扭针、两步针：这三种针法只用于花池边缘纹样的刺绣。花领衫服斗花池的最外边缘纹饰，由错针针法刺绣，一前一后交错的起针和落针，使得线与线之间相互交叉、层叠，形状类似大蛇的骨架，当地畲族人称大蛇为老蛇，故俗称"老蛇骨"（图5-11）。紧挨"老蛇骨"的边饰纹样由扭针绣成，扭针针法需由两根穿线的绣花针协作完成，针与针相绕，线与线相扣，由此串联成一条仿佛首尾相连的美丽花链（图5-12）。两步针有两种绣法，分别用于凤凰装服斗花池边缘和衣左、右两侧的开衩处。前者绣法是先在边缘处平针绣出红、黄、绿三种彩色长度约等于3cm的线段，针从此线段上方绕一圈并穿过，后用一小针平针固定，形成一个个均等的细三角造型（图5-13）；后者绣法则类似手工锁扣眼的方法，一针长、一针短，线圈有序地排列在衣边缘处，呈尖锐的锯齿造型。

③扣扭针：主要应用于上衣侧开衩上、下端点和一字扣上。扣扭针针法与针织毛衣手指挂线起针方法的原理相同，只是手法略有不同。绣针半穿过布，左手扶针，右手绕线圈于针上，共绕9～15圈，然后针穿线圈而过并拉下带紧，横向盖在布上（图5-14）。用于一字扣上的扣扭针针法略有变化，须用单、双针分别操作才能绣出富有变化而又美丽的几何纹样，目前这种绣法已经失传（图5-15）。

④三步针和四步针：这两种针法用于霞浦畲族老年妇女穿着的凤凰装上（图5-16）。其刺绣针法与平针绣相同，用三四个不同方向约0.3cm长的针脚，组成一朵朵排列整齐的小花，简洁明快，有较强的装饰性。

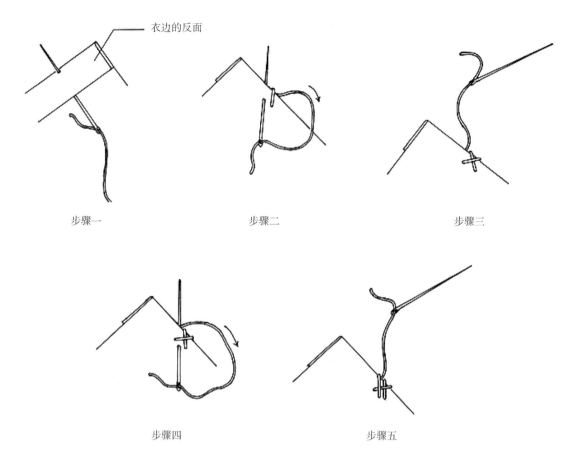

衣边的反面

步骤一　　　　　　　　步骤二　　　　　　　　步骤三

步骤四　　　　　　　　步骤五

图5-11　错针针法示意图

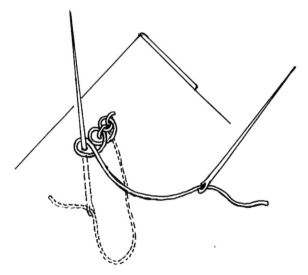

图5-12　扭针针法示意图

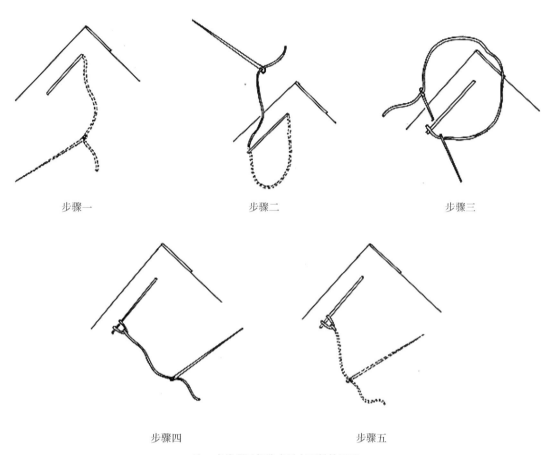

步骤一　　　　　　　　步骤二　　　　　　　　步骤三

步骤四　　　　　　　　步骤五

注：虚线所示部分表示在面料的反面

图5-13　两步针针法示意图

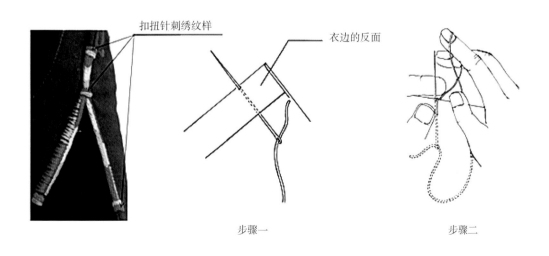

扣扭针刺绣纹样　　　　　　衣边的反面

步骤一　　　　　　　　步骤二

图5-14

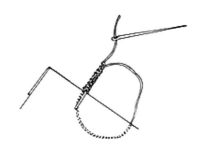
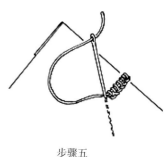

步骤三　　　　　　　　　　　步骤四　　　　　　　　　　　步骤五

注：针法步骤图所示的虚线部分在面料的反面

图5-14　扣扭针针法示意图

图5-15　一字扣上的扣扭针双线绣法　　　图5-16　花领衫领子上的四步针绣法

3. 霞浦畲族传统刺绣工艺特征

霞浦畲族传统刺绣工艺是一门流传久远、土生土长、原汁原味的手工技艺，是畲族历代做衫师傅的智慧结晶。其工艺手法简单却很独特，具有强烈的民族特征和艺术特色。

（1）做与绣的结合：畲族传统刺绣工艺基本上是边做边绣，纹饰绣完了，花领衫也就做好了。这集中体现在如下工序：

①服斗和领子的绣制：组成服斗的花池绣片也是上衣裁片的组成部分，须先与大身一同裁出，服斗花池和领面绣片经过贴衬纸、刮浆、打剪口、做净毛边等工序（绣片制作工艺流程中有详细描述），经过以上制作完成刺绣之前的上绷工艺，才能进行纹样的刺绣。刺绣完成之后再把两片或三片花池绣片缝合组成服斗，并与衣片缝合成前大襟，整烫后再进行花脚纹样的刺绣。花领衫服斗的绣制是在制作—刺绣—制作的循环往复的边做边绣的过程中完成。领子与服斗的绣制几乎相同，在此不予赘述。

②领部一字扣和侧开衩的绣制：这两道工序必须是做与绣相结合才能完成，为先做后绣的制作过程。一字扣经裁剪、上蜡等工序制作好后，先运用扣扭针法在扣身上刺绣纹样，后与领子缝合；大身左、右两侧缝里、外缝合做净和整烫后，再直接在其开衩顶端及边缘

处进行刺绣。用于此处的刺绣针法，具有缝合、固定的作用，起着牢固与美化的双重功能。

（2）独特针法的构成形式：用于刺绣花池边缘纹样的错针、扭针、两步针、扣扭针，其针法步骤本身就是纹样的构成形式，往复的针法结构构成了一条条边饰纹样，无须按照图稿一针一线地绘制，只需按针法步骤，纹样即可一气呵成（参见图5-11～图5-14）；其次在畲族传统刺绣工艺中，是以花扣针针法先绣出动、植物或人物纹样的外轮廓线，然后再按上下、左右或其他方向绣出一条条辫子状的线条，紧贴轮廓线填实纹样，以线构面，线随形走，变化灵活，可构成大小不一、形状各异的各种纹样，如鳌鱼、凤凰、花瓣、叶子、人物等，可塑性极强，几乎适用于任何图形。以上简洁而独特的针法构成形式，正是畲族传统刺绣工艺独具特色的地方。

已勾边的图案

未勾边的图案

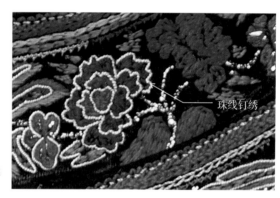

珠线钉绣

图5-17　花池纹样的白色勾边刺绣

（3）自然、朴实的审美观念：畲族先民自古以来就生活于闽、粤、赣交界处的山区中，大自然是他们取之不尽的生活和美的来源。这种生存环境塑造了他们热爱自由、崇尚自然、质朴达观的民族性格，形成了以自然、朴实为美的审美观念，如由错针针法交叠的"老蛇骨"，扭针针法"铺成的美丽花链"，三步针和四步针组成的朵朵小花，刺绣纹饰中动、植物图案的轮廓线均被圆润的珠线"勾勒"成白色（图5-17）等，类似于大自然中逆光的效果，更与三原色光的补色光品红、黄、青的重叠色（白色）不谋而合。这些无一不是当地畲民长期细心观察和体验大自然的结果，传递着大自然赋予霞浦畲族人民的一种生命能量和创造力。

二、制作工艺

霞浦畲族服装传统工艺集中体现在花领衫的制作过程中，东、西路式花领衫在服装结构、制作材料、裁剪工艺、制作技艺等方面基本相同或相似，只是在花领衫领子和服斗（大襟）的裁剪、制作上有所区别。课题组通过对东、西路式做衫师傅钟李发、兰清桃的实地走访，就花领衫的传统制作工艺进行了记录、研究、分析、复原和比较，以东路式花领衫为参照，总结了霞浦畲族服装巧妙而独特的传统工艺制作过程和特点，为霞浦畲族服饰文化的研究提供相对直观和准确的研究资料。

1. 制作花领衫的材料和工具

霞浦畲族花领衫的主要制作材料包括面料、衬料、浆糊、丝线、缝线等。

（1）面料：通常使用手工织苎麻布。苎麻面料因季节缘故所织的密度不同，夏季炎热，苎麻面料密度小，因而穿着透气、凉爽；冬季则苎麻面料密度大，增强了保暖和御寒的功能。随着科技的发展，尤其是20世纪70年代后期，手工织的苎麻布逐渐被机织面料所替代，常用的面料有棉布、丝绒、绸缎等。

（2）衬料：传统上使用一种特制的纸质衬料，新中国成立以后此工艺失传，现用细纱布代替，只用于领子的制作。

（3）糨糊：自制的地瓜粉糨糊，成分是淀粉、矾和水。这种糨糊上浆均匀，黏性较好，便于制作且耐洗涤。

（4）丝线、缝线：传统刺绣工艺所用的丝线从福州等地的手工作坊里购买，但这种作坊现今已完全消失。现用丝线多从苏州购买或用涤纶丝线。缝线现用棉线和涤纶线，传统上使用手工自制的苎麻线。

（5）工具：裁尺、剪刀、老式铁熨斗、绣花线排、绣花针、手针、刮子（用于刮浆）、顶针、锥子等。

2. 花领衫的缝制技艺

（1）裁剪工艺：霞浦畲族花领衫的裁剪有一套固定的工艺流程，其裁剪步骤有：裁衣身、裁接袖袖片、开大襟、裁小襟、裁贴边、裁琵琶带料、裁过肩、裁领子、挖领子、裁纽扣料、裁里襟等。东、西路式花领衫在裁剪方法上有相同也有区别。

1）裁衣身：由于苎麻面料为手工梭织，布幅宽仅为1尺5寸（约50cm）。因为布幅较窄的限制，所以在裁剪衣身时，采用了前后中缝破缝、衣片和袖子分开来剪的裁剪方法。依照传统工艺，制作一件花领衫约需9尺（3m）长的苎麻面料，具体步骤如下：

①面料如图5-18所示的点画线对折至一个衣长，将左面布边作为中心线，标出上衣胸宽、袖宽、腰围、下摆宽以及下摆起翘量，根据款式画出袖底缝线、侧缝线、小腰和底边线，

在袖底缝线腋下部位夹琵琶带和侧缝开衩处打剪口做标记，完成左前、左后衣片的连裁。

②将剩余面料的右面布边作为中心线，分别对折至右前、右后衣片长度，运用与左大身相同的方法完成右前、右后衣片的连裁。东、西路式花领衫大身裁剪方法相同。

2）裁接袖袖片：东、西路式花领衫裁接袖袖片的方法相同。由于早期手工织苎麻面料

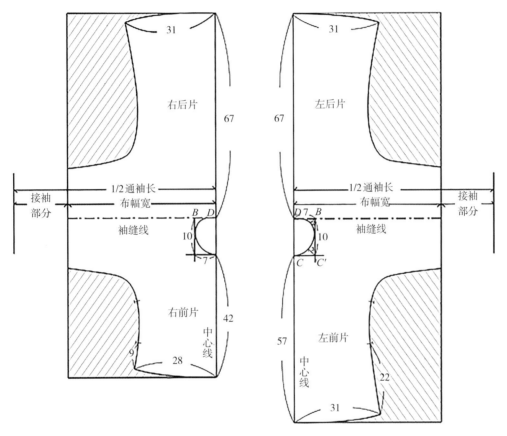

图5-18　东路式花领衫大身裁剪示意图

的幅宽一般只有50cm，所以袖子必须分开来裁，即接袖结构。通袖长＝布幅宽＋接袖长，可以根据图5-18所示的袖子造型来裁剪。在袖子和接袖袖中缝处打剪口做对接标记，袖口放出1cm缝份。

3）开大襟、裁小襟：由于东、西路式花领衫均采用前、后中心线破缝的衣身裁剪法，所以大襟和小襟是与衣身分开单独裁剪的。

①东路式花领衫：开大襟的步骤如图5-19所示。

a. 从前领窝点 C 垂直下落9cm至 E 点，从 E 点向左水平移至 F 点，E—F 的距离为12.8cm，连接 C 点、E 点、F 点成直角三角形。

b. 由 *H* 点水平向左移27cm，起翘（高度与右前衣摆相同）至 *G* 点，弧线连接 *G* 点、*H* 点。

c. 弧线连接 *C* 点、*F* 点，分别放出 *HC* 线段、*CF* 线段、*FG* 线段1.5～4cm不等量缝份。小襟的上、下横宽分别为6cm、9cm（参见图5-6），底摆放量3cm，裁剪方法与大襟相同。

②西路式花领衫：因西路式花领衫的服斗位于大襟的上端，其花池分开逐一裁片，然

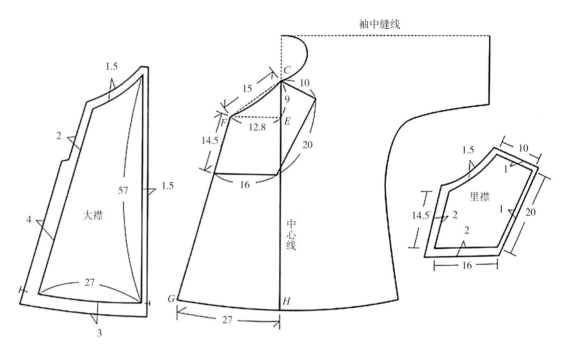

图5-19 东路式花领衫大襟和里襟的裁剪示意图

后缝合为一整体（服斗），故其开大襟的裁剪步骤和方法与东路式有所不同。前儿步骤与东路式大襟裁剪方法相同（图5-19），后依据大襟尺寸，裁剪服斗花池裁片（参见图5-10），绣制完花池内纹样后，再缝合花池裁片成为服斗。

4）裁里襟：东、西路式花领衫均在大襟部位局部缝缀里襟。如图5-19所示，先将止口做净的大襟裁片放在面料上，比对大襟造型，放出1～2cm缝份进行裁剪。里襟的宽和长均依据大襟服斗纹样装饰范围而定，目的是遮盖大襟服斗反面凌乱的刺绣线迹。

5）挖领子：东、西路式花领衫挖领子的方法相同。如图5-20所示，由 *D* 点到 *B* 点的直线距离为横开领尺寸7cm，由 *D* 点到 *C* 点的垂直距离为直开领尺寸10cm，连接 *DB* 线段、*BC'* 线段、*C'C* 线段作矩形，弧线连接 *D* 点至 *C* 点，领口尺寸为40cm。

生活中的花领衫穿着状态是领口敞开的，不系一字扣，故领口尺寸是固定的。畲族做

衫师傅一般用红色硬板纸自制原型板，适用于每一件花领衫的领口裁剪（图5-21）。

6）裁领子：东路式花领衫领子为复领，西路式花领衫为单领（详见第三章第四节），

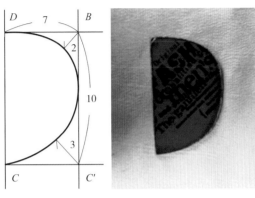

图5-20　花领衫领口裁剪示意图

图5-21　挖领子

但其大领结构相同，均为中式立领。

东路式花领衫的小领由领面、领衬、领里、压边条共6层组成，整圈领围尺寸为40cm，领面宽为1cm，大领领面宽为4cm，大领领围比小领领围少2cm，领上口线滚边条用斜料。大、小领领面、领里均取直料裁剪。

西路式花领衫领子的裁剪方法较为简单，共有两层即领面和领里，均为直料裁剪，后中领面宽为3.5cm，上口领围为36cm，下口领围为37cm，领口起翘约为1.5cm。

7）裁过肩、裁贴边、裁琵琶带、裁纽扣料：裁剪贴边、过肩、琵琶带和纽扣料主要是利用裁剪衣身所剩的面料。纽扣为一字扣，用45°正斜丝裁剪。其源于传统中式服装的做法，目的是便于制作，防止穿着时一字扣出现歪扭现象。东、西路式花领衫均采用同样的裁剪方法，这样能够节省面料。

（2）缝制工艺：

1）做领子。

①东路式花领衫领子的制作方法与步骤：

a. 小领的制作工艺步骤：

以领后中心点为中心，在最外层领面正中破一条长35cm的缝，于反面扣光0.1～0.5cm缝份，在做净的破缝边缘刺绣简单纹样；在第二层领面正中刺绣小花纹样，最中心小花图案的花心与领后中心点对齐，之后图案以镜像方式向左、右延展至领边；撑开最外层领面中的破缝至长椭圆形，把第二层领面纹饰框在其中，沿边缘把两层领面缝合为一体（图5-22），完成"开花领"工艺。

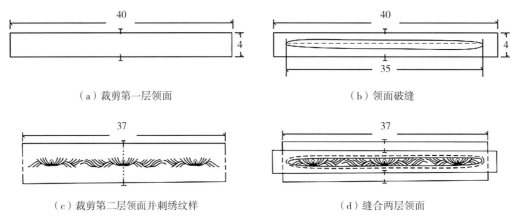

（a）裁剪第一层领面　　　　　　　　　　　　（b）领面破缝

（c）裁剪第二层领面并刺绣纹样　　　　　　　（d）缝合两层领面

图5-22　开花领工艺步骤图

　　分别把红、白色两条长36cm、宽2cm的细棉布条刮浆后对折，用熨斗熨烫，使之牢固地黏合；两棉布条对折线错开0.1cm重叠并缝合在一起，在下口线正中打剪口；把白色棉布条面朝下与做好的领面相对，紧沿长椭圆形轮廓线，重复两棉布条的缝合线迹与领面缝合，完成小领领面的"压边条"工艺（图5-23）。

　　领里扣光领上口线，领面正面与衣身正面相对，再次重复两棉布条的缝合线迹缝合，运用"拉盖式"方法绱领子。

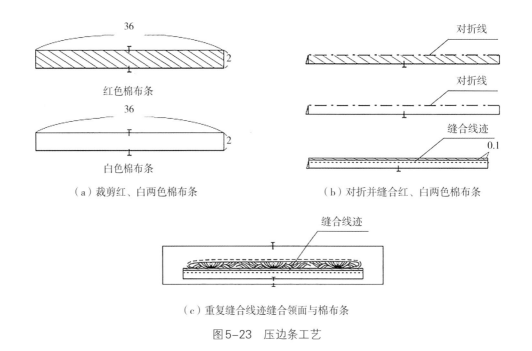

（a）裁剪红、白两色棉布条　　　　　　　（b）对折并缝合红、白两色棉布条

（c）重复缝合线迹缝合领面与棉布条

图5-23　压边条工艺

b. 大领的制作工艺步骤：大领为完全直裁领。领上口滚0.7cm的黑色边条，然后在领面上刺绣纹饰。将领里和领面正面相对，沿领下口线净样缝合，翻转领里并熨平。领里领下口线比照领面造型裁剪，扣光缝份后与领面缝合。

由于小领在外圈，缝合大、小领时小领领下口线吃量约为1cm，使得领口弧度保持圆顺，确保穿着时领子服帖与舒适。

②西路式花领衫领子和服斗的制作方法与步骤：西路式花领衫领口和服斗花池边缘均有彩色边条装饰，较东路式而言，西路式"压边条"工艺手法简单而直接，边条装饰依色彩顺序层层叠压而成。

a. 裁剪白、红、蓝三色宽为3cm的布条，长度均为28cm。

b. 裁剪宽为3cm黄、红两色布条，领下口线和领上口线分别压黄、红色边0.1cm。

c. 对折白、红、蓝布条，在其下口线中心打剪口并依次错开0.1cm，将边缘依次叠放缝合（此步骤与东路式相同）。

d. 把已缝合在一起的白、红、蓝布条刮浆，与领下口的黄色压边条错开0.1cm叠压，用铁熨斗进行熨压黏合后缝合。

e. 将领面反面对齐大身领口正面，运用"拉盖式"（一种装领方式，把衣身的领围止口嵌进领内，与领下口线缝合）方法绱领子，翻折领面，直接压出边条。

服斗花池边缘的"压边条"工艺与领子相同（如上所述），也是依次叠压布条形成边条装饰。服斗的制作工艺是做与绣的结合（详见本章第二节），是一个整体—局部—整体的裁与做融合的过程，独具畲族民族特色。

2）刮浆：刮浆工艺共分为三个步骤。

①在领里和里襟裁片背面均匀刮浆，用熨斗熨烫黏合，使花领衫领面、服斗平整、挺括，有利于纹样的刺绣。

②取各部位的贴边、压边条、琵琶带、纽扣料等，对它们分别进行刮浆。

③衣底边、门襟止口、袖口和过肩裁片缝份（除与领口缝合边外）用刮子刮浆0.5～1cm。

3）缝合：花领衫没有里子，反面要按0.5cm或1cm折光边缝做净。缝合工艺共分为四个步骤。

①将衣身袖片与接袖袖片对齐袖中缝剪口后进行缝合。

②缝合袖口贴边并扣烫，要求止口不反吐。袖缝、侧缝与其贴边同时缝合，倒缝（将缝份倒向一边）后固定于后衣片上，袖口贴边覆盖住袖缝贴边与袖子缝合。

③分别缝合后衣片中缝、领口和过肩（弧线打剪口），劈缝后缝合固定在衣片上（领口部位除外）。

④大、小襟与前身左、右衣片分别缝合；里襟缝份做净，与大、小襟缝合至领口过肩处，过肩上端覆盖里襟的部分与前身左、右衣片缝合；将衣底边折光0.5cm边缝做净，然后向上翻折至2.5cm处固定。

缝合时，不同针法对应花领衫不同部位（图5-24）。编针针法快速而连贯，运用于袖缝、侧缝等长距离的缝合；交针针法牢固而结实，运用于衣片接缝处、过肩、门襟和里襟的缝合；平针针法在面料的正面几乎不留痕迹，运用于暗签衣底边、门襟止口和各部位贴边；大、小领的缝合及一字扣、琵琶带的缝制均采用斜针。

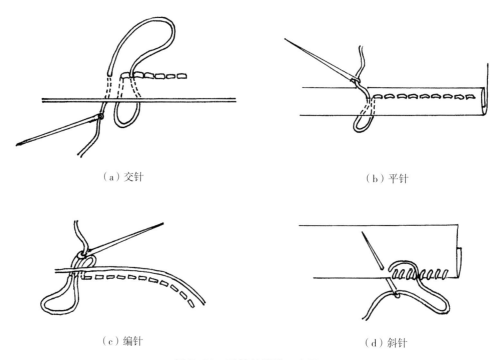

（a）交针　　　　　　　　　　　　　　　　（b）平针

（c）编针　　　　　　　　　　　　　　　　（d）斜针

图5-24　手缝针针法示意图

4）烫袖中缝：如图5-18所示，D点为领窝后中点，沿D点水平延伸一条直线，即袖中缝。把做好的大身平铺在烫板上理顺，按袖中缝抚直袖子，喷水后罩上一层烫布，用老式铁熨斗反复熨烫压平。

5）钉一字扣和开衩处打套结：

①钉一字扣：先把扣根缝在面料上，反折扣身后，先在纽扣上缝一针，然后在面料上缝一

针，如此反复缝制。这样做的目的，一是可以做净扣根毛缝，二是可将一字扣钉得直且牢固。

②开衩处打套结：东路式花领衫在开衩处横向来回缝红色衬线，针距要求整齐，然后用锁扣眼的针法在衬线处锁缝，针法基本与汉族打套结相同，不仅使开衩处不易破损，而且能起到一定的装饰作用。西路式花领衫采用扣扭针法在开衩处锁缝（参见图5-14），与汉族打套结针法类似，同样起着实用和美化的作用。

第三节
霞浦畲族服装工艺特征与文化内涵

一、受汉族传统袍服影响的裁剪方法

汉族传统袍服大身的裁剪是先沿幅宽对折面料，再沿长度对折，上面两层作为前片，下面两层作为后片。在折叠好的面料上画出领口线和衣身轮廓线进行裁剪，即折叠裁剪法。花领衫大身的裁剪方法与之有着许多相同之处（参见图5-1）。由于历史的原因，畲族受汉族文化的影响较大。尤其东路式畲族服饰的分布区域（水门、牙城、三沙等）毗邻浙江省温州，深受汉族文化的影响，汉化程度也更高。东路式花领衫和汉族传统袍服形制在整体上相似度很高，两者均为大襟右衽小袖样式，都是以通袖线和前、后中心线为轴线的"十字型"平面结构，而这也正是折叠裁剪法原理的依据所在。

二、独特的"开花领"和"压边条"工艺

"开花领"是东路式花领衫小领领面的制作工艺。首先分别做好两层领面并叠加在一起，撑开第一层领面绣有边饰的中缝，使第二层领面呈狭长条状的刺绣纹饰从中显露出来，再缝合两层领面。这就好似在小领上打开了一扇窗户，绚烂的花朵怒放于其中，视觉效果十分独特而美丽。小领领面凸起的"花窗"，与同样绣满纹样的大领领面平面形成空间层次和对比，塑造了小领造型的立体感，丰富了花领衫领面的审美效果。

小领领口和领脚的边条之所以用"压"而不是用"嵌"，是因为棉条和小领第一层领面缝合

后，用"拉盖式"方法绱小领，使棉条夹在小领领面、领里的领口和领下口线之间，领面领口和领下口线向内倒缝，用铁熨斗把棉条翻压出来，形成边条装饰。"压边条"工艺使领口、领下口、棉条等毛缝均收纳于小领内，使小领造型厚实饱满而立体，凸显出小领领面的"花窗"纹饰。

这两种工艺手法巧妙而独具匠心，充分体现了霞浦畲族人民的生活智慧和卓越的创造力。

三、重装饰轻缝纫的制作思想

花领衫的艺术特色，首先，体现在其领子和大襟上方（服斗）手工刺绣的动、植物和人物纹饰，传统手工刺绣工艺不仅是制作花领衫最重要的装饰技艺，还具有浓厚的崇祖意识和教化功能。

其次，畲族传统刺绣工艺所花的时间至少是缝制工艺的十几倍，亦是衡量一件花领衫制作精良与否的标准。除刺绣工艺外，压边条、滚边、嵌边等装饰工艺多用在领口、门襟、开衩等处。花领衫的装饰工艺处处体现出畲族原始图腾崇拜的信息："衣裳斑斓"古老形制的遗留、抽象的仿凤造型以及古朴抽象的凤凰纹样。这些直接决定了畲族花领衫必然包涵着浓重的重装饰轻缝纫的制作思想。

霞浦畲族服装传统制作工艺是一种土生土长、流传久远、原汁原味的手工技艺，是"活态"的民族民间传统文化的组成部分，具有重要的文化价值、艺术价值和经济价值。霞浦畲族服饰的研究不能仅存在于艺术特征文字层面的评述和研究，于其自身结构和传统工艺的研究才是最本质、最根本的研究。霞浦畲族传统制作工艺是其服饰文化赖以存在、传承和发展的基础，承载着畲族的民族历史和文化，是非物质文化遗产的核心内容和价值。如果没有活态的非物质技艺的一代又一代的传承，霞浦畲族传统工艺将不复存在，而与之相依存的服饰文化也将逐渐消失。届时，现今已汉化相当严重的畲族民众必将对其民族文化产生群体性的漠视和远离，甚至遗忘。这对一个民族来说，后果将不堪设想。对霞浦畲族传统手工技艺的保护和传承已是十分必要和迫切。在田野考查期间，课题组常常被畲族做衫师傅精湛的技艺和凤凰装的美丽所折服，同时也为其缺乏系统保护、逐渐消失的现状而担忧。期待在不久的将来，这块民族艺术"瑰宝"能够重新焕发出耀眼的光彩。

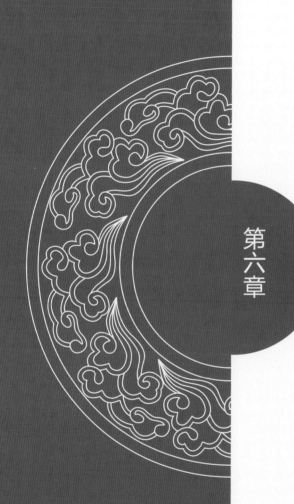

CHAPTER

6

第六章

霞浦畲族服饰现状
与传承保护

第一节
霞浦畲族服饰的现实困境

一、霞浦畲族传统服饰文化的失落

霞浦畲族民众的生产、生活方式是畲族服饰存在的物质基础和文化基础，必然与霞浦畲族服饰的发展密切相关。新中国成立以后，随着社会政治、经济的发展，霞浦畲族服饰文化随之产生相应的变化。尤其20世纪80年代中国改革开放以来，在全球现代化科技浪潮的冲击下，畲族人民的价值观念和审美观念都发生了较大的转变，霞浦畲族服饰文化也发生了前所未有的改变。这也正是畲族服饰文化失落的根本原因。

通过田野调查、走访，发现如今绝大多数畲族村民在日常生活中，都穿着现今流行的服装，只有上了年纪的老妪还穿戴着本民族的服饰。溪南镇白露坑的半月里村是畲族聚居的村庄，有着悠久而深厚的民族文化底蕴，是目前我国保存畲族历史文化遗产最为完整的村落，2012年被国务院列为第一批国家级传统村落，2014年被国务院、住建部列为第六批中国历史文化名村（图6-1）。即便如此，初去半月里村，如果没有村民雷其松的介绍，我还误以为是一个汉族人居住的村落，村民几乎都穿着与汉族人一样的服装，梳着现代流行的发式。偶见一两个七八十岁穿着畲族服饰的老妪，才让人感受到一丝畲族村落的气息（图6-2）。

追溯到20世纪60年代，"文革"的"破四旧"运动，很大程度上削弱了畲族的传统文化根基，畲族服饰传统文化原有的生态环境随之也遭到相应的破坏。1980年以来，一场社会政治、经济、文化等方面的深刻变革，完全打破了畲族近千年来相对封闭的生产生活状态，相对先进的现代文化以替代的方式入侵到畲族村落中，造成畲族传统文化的断层和失落，传统的家族组织和宗族制度已遭到完全破坏。在半月里畲族民族村，村中年轻劳力大多外出打工，具有较高学历的年轻人又不愿意回村。在与村民的交谈中，感受到他们对本

图6-1　溪南镇白露坑半月里村

图6-2

图6-2　走访半月里村

民族传统文化的一知半解与漠视。年轻人平时不愿意穿着本民族的传统服饰"凤凰装",女性更不愿意梳戴畲族特有的凤凰头饰,嫌麻烦和浪费时间。大多数长辈不再为自己的女儿制作凤凰装嫁衣,女儿结婚时穿戴的是母亲的凤凰装,甚至有些年轻人的婚礼仪式已完全西化。崇儒畲族乡上水村和水门畲族乡茶岗村的调研情况,基本如上所述(图6-3)。据霞浦县博物馆雷老师介绍,有些畲族村落的情况更糟。畲族传统服饰文化面临前所未有的困境和危机。

二、服饰制作技艺的后继乏人

凤凰装的制作经过织布、染布、编织腰带、刺绣、缝合等繁复的工艺步骤,这也是霞浦畲族服饰重要的传统制作技艺。旧时霞浦县畲族有句俗语:"种苎麻、织布,世代不愁没衣穿。"种麻、制麻、纺布是霞浦畲族妇女的日常劳作之一。20世纪80年代以前,许多霞浦畲民都种植苎麻,家中还都有刮苎刀、牵苎架、缠线车、梭、经帘、纺车等纺

图6-3　走访茶岗村

织工具。之后，随着商品经济的发展，传统的生产、生活方式无法适应快节奏的现代化生活，烦琐而耗时的织布工艺逐渐消亡。明清至民国时期，霞浦畲民大多用自己种植的蓼蓝作为染料来给纻布上色，畲族村落有畲民自己开设的染布坊。在田野调研期间，笔者走访了水门乡大坝村村民蓝廷杯（图6-4），他家先辈几代都以染布为生，父亲蓝家进于1982年病故，染布的手艺自此失传。据蓝廷杯回忆，儿时家里染布坊经常有十里八乡的畲民来染纻布。家中有四个椁（木制，用来染布的容器），椁高2.1m、厚10cm、直径

图6-4　走访大溪村

2.5m。染布第一道工序是将纻布放入槺内漂洗，去除其杂质，将人工种植的大青草、土茯苓（固色剂）各熬成浓汁，按比例加入温水中，后把拧干的纻布放入染缸，加热到一定温度，用木棍来回搅拌，并用木棍夹住纻布反复拧，使纻布上色均匀，俗称"拷青"或"拷蓝"。漂洗晾干后，将布装入长1.5m、宽0.8m的外观像船形的石质凹槽内，将一梭形石弼（石块做的碾压布的工具）的两端嵌入木柄，用人力来回碾压纻布一定时间，增加纻布的收缩密度和光滑感，这道工序俗称"十年磨一剑"。取出再次漂洗晾干，放在平板上用稀释的地瓜粉顺序刷在布上，待干后卷成一匹匹布。由此足见染布工序之复杂，技术要求之高。新中国成立后，畲民大都采用传入的化工染料，较少去染坊染布，家中染布生意也就日益清淡下来，没能传至他这一辈，染布作坊至今已荡然无存。由于畲族没有本民族的文字，也没能留下关于染布技术的记载。畲族植物染布技艺随着上一辈手艺人的生老病死彻底流失了。不仅如此，霞浦畲族服饰制作技艺也岌岌可危。20世纪60～70年代初，富裕的畲族家庭在女儿出嫁时，要按传统习俗请做衫师傅定制几套凤凰装（包括凤冠）。20世纪80年代以后，霞浦畲族服饰文化由于受到现代服饰文化的冲击，畲族村里中青年妇女不再穿戴本民族的服饰，霞浦畲族传统服饰渐渐失去了市场。笔者走访了溪南镇白露坑村做衫师傅钟李发（图6-5），他家世代都以制作凤凰装为生，祖辈做衫生意很好，现在一年只有一两家来定做凤凰装，他一边务农、一边接些零碎的服装加工活计补贴家用，儿子也不愿花时间精力去学这门不赚钱的手艺，村中更没有年轻人问津。随后，笔者又走访了水门乡三沙镇垅头村做衫师傅兰清桃（图6-6），状况也大致如此。兰清桃师傅现在以养殖紫菜和务农为生。随着这批做衫师傅的老去，如果不对畲族服饰传统制作技艺进行保护、整理，这一传统工艺将不复存在，再过若干年，霞浦畲族传统服饰也将随之消亡。

图6-5　走访白露坑村做衫师傅钟李发

图6-6　走访垅头村做衫师傅兰清桃

第二节

霞浦畲族服饰文化传承的特点

霞浦畲族服饰以非文本的方式物化地展现了畲族人民的民族性格、精神和审美观念，是畲族文化的符号和重要载体，是畲族文化遗产的重要组成部分。对霞浦畲族服饰传承的特点和性质的理解、认知，是合理有效地保护这一民族文化遗产的关键所在。

一、具有物质文化与非物质文化的二元特性

霞浦畲族服饰的最基本状态是为人穿戴在身上而存在的，是以具体的固态物品形式保留于世间，以物质性的存在表述着本民族的历史、宗教信仰、人生观和审美意蕴，并代代传承下去。如凤凰装上的凤凰、鳌鱼刺绣纹饰，通过刺绣工艺把畲族始祖三公主和盘瓠的故事"书写"在衣服上，"讲述"着畲族的历史，具有浓厚的崇祖意识。狮子、蝴蝶、龙树等每一种纹样都传递着畲族人民自然、朴实的审美情感和质朴达观的民族性格。但霞浦畲族服饰同时又具有非物质的一面，凤凰装的穿戴有其特定的习俗和节日活动，一定程度上体现了本民族的生态文化。另外，凤凰装的制作技艺以师傅带徒弟的形式代代相传，这种非物质性的技艺赋予了民族服饰以独特的人文艺术特色，是霞浦畲族服饰传承的关键所在。综上所述，霞浦畲族服饰的传承具有物质与非物质的二元特性，是物质文化和非物质文化的结合体。其中传统制作技艺（非物质文化）的传承才是其根本所在，如果没有一代又一代的技艺传承，霞浦畲族传统服饰将不复存在，而服饰文化甚至民族生态文化也将随之逐渐消失。

二、独特性

霞浦畲族服饰作为民族文化遗产，体现了畲族人民独特的创造力，虽然在被汉族文化汉化的过程中，在服装结构、形制上与汉族袍服相同，但是在其制作技艺、纹饰的表现形式及布局等方面具有独到之处，从中传递出霞浦畲族人民的性格、思想、情感、意识和价值观，这些都具有独特性、唯一性和不可再生性，是难以模仿和再生的。霞浦畲族服饰文化含有独特的民族传统文化基因和民族记忆，蕴涵了特定民族独特的智慧和宝贵的精神财富，是一个民族赖以存在和发展的根。《联合国教科文组织发展纲领》强调了文化记忆的重要性："记忆对创造力来说，是极端重要的，对个人和各民族都极为重要。各民族在他们的遗产中发现了自然和文化的遗产，有形的和无形的遗产，这是找到他们自身和灵感源泉的钥匙。"因而，霞浦畲族服饰的传承根本在于民族文化基因、文化传统和民族记忆，而这些却又是容易被忽视和遗忘的，极容易在不知不觉中消失。霞浦畲族服饰充分体现了畲族在历史进程当中逐步形成的优秀文化价值观念和审美理想，凝聚着畲族独特的传统文化基因，展现了畲族劳动人民在生产、生活实践中独具特色的创造能力。

三、地域性

由于历史的原因，畲族人民经历了长期的迁徙，分散、聚居在不同的地域，形成各具特色的地方畲族子文化。就霞浦畲族来说，历史上为了避开汉族封建统治阶级的压迫和剥削，畲族人民散居山中，依据血缘或地缘关系建立了许多畲族村落，由于大山和河流的地理屏障，逐渐形成了以村落为落脚点的畲族村落文化空间。霞浦东、西路服饰文化正是在此基础上产生和发展的。霞浦东、西路式服饰是在一定的地域产生的，该地域独特的自然生态环境、生产、生活水平和方式、文化传统、宗教、信仰、习俗等方面决定了其各自的特点和传承。霞浦东、西路服饰典型地代表了霞浦东、西部地域服饰文化的特色，与该地域息息相关，其实归根到底是畲族村落文化的产物，畲族村落文化空间是霞浦畲族服饰生存的"根"，离开了该地域的环境，便失去了霞浦畲族服饰赖以存在的上壤和条件，也就谈不上保护和传承了。

四、活态性

霞浦畲族服饰作为民族文化的物质载体，虽然有物质的因素，但其价值主要是通过非物质形态体现出来，其主要特性是非物质文化遗产的传承，重视制作技艺的高超、精湛和独创性，重视人的创造力和价值。霞浦畲族服饰文化反映出来的本民族的智慧和情感、生产和生活方式、传统文化习俗、思维方式、审美观等这些意义和价值的因素，属于人类行为活动的范畴，需要通过一种或多种高超、精湛的技艺才能被创造和世代传承下来。霞浦畲族服饰的传承是动态的过程，其制作技艺也是在动态的过程中得以表现的。正如贺学君在《关于非物质文化遗产保护的理论思考》一文中所阐述的"非物质文化作为民族（社群）民间文化，它的存在必须依靠传承主体（社群民众）的实际参与，体现为特定时空下一种立体复合的能动活动；如果离开这种活动，其生命便无法实现。发展地看，还指它的变化。一切现存的非物质文化事项，都需要在与自然、现实、历史的互动中，不断生发、变异和创新，这也注定它处在永不停息的运变之中。总之，特定的价值观、生存形态以及变化品格，造就了非物质文化的活态性特性。"

五、变异性

霞浦畲族服饰的传承，呈现出活态流变的性质，是继承与变异、一致与差异的辩证结合。在它的传承过程中，会受到当时的政治、经济、文化和科技等因素的影响，从而呈现出继承、变化和发展并存的状况。由于新中国的成立，社会发生了翻天覆地的变化，霞浦畲族凤凰装上许多传统的刺绣纹样，发生了很大的变化，有的简化，有的消失，如双狮戏绣球、戏剧人物、神话传说等图案已从拦身裙中彻底消失，取而代之的是简约的牡丹花篮图案。据白露坑村做衫师傅钟李发讲述，他家世代相传的有一本凤凰装传统刺绣纹样的手绘册子，传至他这一辈已经丢失。由于失去了传统纹样的参照，现在他所做的凤凰装上的刺绣纹样，有些已经走样，或做了相应的改动，像前文所提的"鹅脚牡丹"传统纹样，现在已被写实的牡丹纹样所替代。霞浦畲族服饰虽然在世代传承的过程中，有所变化和发展，但仍然存在基本的一致性，仍然保持了它的特质。这也是非物质文化遗产传承的特点和共性。只有对这些特点有深刻的了解和认知，才能从根本上保护好霞浦畲族服饰及其中蕴涵的民族传统文化。

第三节

霞浦畲族服饰的保护与传承

现时代霞浦畲族服饰的传承是建立在保护的基础之上的，保护是其传承的前提和条件。除了了解和认知霞浦畲族服饰传承的特点，更要深入实际做调研，分析、取证、总结，制定出正确而完备的保护措施和方法，并行之有效地落实到实处，霞浦畲族服饰才能够以原生态的面貌世世代代传承下去。

一、霞浦畲族服饰做衫师傅的保护

霞浦畲族服饰的非物质特性，决定了其是一种活态的文化，它主要是依靠人这个活的载体通过一系列的动作来完成和表达。其传承的核心是人，即现存的做衫师傅，他们可谓霞浦畲族服饰文化遗产的活化石。正如向云驹在他的《解读非物质文化遗产》一书中所阐述的："非物质文化遗产是以人为本的遗产。它以人为载体，以传人为主体，是非物化的、非静态的，是以动态、记忆、技艺为核心的另类文化遗产。"

通过田野调研，霞浦畲族服饰是以家族内父传子或师傅传徒弟的方法一直延续到现在。

但目前在霞浦畲族村落中，上一辈的做衫师傅已经相继老去，作为霞浦畲族服饰文化传承主体的青壮年群体，不愿意学习这门不赚钱又耗时的手艺，纷纷外出谋生。这种相传模式已经自觉中断。目前，霞浦畲族服饰还没有被政府认定的省级或国家级的非遗传承人（很遗憾，到目前做衫师傅钟李发非物质文化遗产传承人的申请还未得到批复）。若不采取措施，任这种状况发展下去，霞浦畲族服饰文化终将消亡。对于霞浦畲族做衫师傅的保护，政府有关部门应当重视，派相关人员深入畲族村落走访、调查、认证，依据2011年我国颁布的《中华人民共和国非物质文化遗产法》，本着"先保护，后传承"的原则，因地制宜，根据本地区的具体情况，制定适宜的非物质文化遗产的法律法规，落实、认定霞浦畲族服饰非物质文化遗产传承人，帮助做衫师傅完成非遗传承人申请等事宜，把具有代表性的做衫师傅纳入非遗传承人的法律保护范围之内。"保护"的意义在于"传承"，换言之，给予做衫技艺高超的师傅经济上充裕的保障，使之衣食无忧，能够有时间和精力去磨炼技艺、培养传人。除此之外，政府还应定期组织民族民俗博览会、公演等展示、交流技能的机会，并授予其特定的荣誉称号，确立、提升做衫师傅的社会声望和地位，使之受到世人尤其是本民族群众的尊敬，吸引年轻人能够来学习凤凰装的制作技艺。总之，要尽量创造机制保护好做衫师傅，不断地完善传承人制度。只有这样，才能保证做衫师傅有效地履行身为非遗传承人的责任和义务，将其技能传授给下一辈人，使霞浦畲族服饰文化在保护的过程中得到永续地传承。

二、霞浦畲族服饰生态文化环境的保护

霞浦畲族服饰文化是畲族生态文化的组成部分。何谓民族生态文化，即"实质上就是一个民族在适应、利用和改造环境及其被环境所改造的过程中，在文化与自然互动关系的发展过程中所积累和形成的知识和经验，这些知识和经验蕴含和表现在这个民族的宇宙观、生产方式、生活方式、社会组织、宗教信仰和风俗习惯等等之中。"通俗地说，霞浦畲族服饰文化是本土文化，真正创造者是畲族人民，其世代传承的根本原因是在相对封闭的条件下，对传统习俗、信仰等忠实地遵守和延续，是遵循前人的规范和约定俗成。它的形成和发展来自于相对封闭的原生态生活环境。如果没有外来因素的干扰，传统服装样式、制作技艺等会原模原样地传承下去。

霞浦畲族服饰文化原生态生活环境，其根基在于村落。冯骥才先生指出："古村落是农耕社会的基本生活单元，保存着各种历史记忆和细节。每一个古村落都是一个生命的活体，是民

族文化的箱底儿。"霞浦畲族人口基本分布在农村，村落是畲族传统文化的根。村落文化是畲族历史渊源、生活习俗、心理特征、宗教信仰及所赖以生存的自然环境、民居建筑、历史遗存等诸多内容的总和，构成了霞浦畲族服饰产生和发展的文化空间。在这个文化空间内，各个因素相互关联、相互作用、相互依存，形成了霞浦畲族服饰赖以存在和传承的生态文化环境。

霞浦畲族服饰生态文化环境的保护是整体且长期性的。在目前情况下，要在一两年内恢复到其原有的面貌，是不可能实现的，必定要经历长期的循序渐进的过程。在此过程中，政府要做好相关法规、政策的宣传和推进，以村支部及有见地的村民为支撑，制定相应的措施和办法，持续不断地提倡本民族的礼仪传统、生活方式和语言环境。例如，由于畲族村寨多以血缘相近的同姓聚族同居，所以修缮当地畲族村落的宗族祠堂，修复族谱，选择性地恢复古制的族规、祀规，并通过在祠堂内定期举行的各种集体祭祀仪式，有利于宣传和弘扬畲族传统文化，增强村落族人的文化认同感和归宿感，达成内部的团结和整合，从而逐步还原当地的婚嫁、民间节庆活动等民族传统习俗，让村里的年轻人认识到自己民族服饰独特的文化价值和审美意涵，树立起本民族的自信心和自豪感，使日益淡化的畲族民俗传统文化，渐渐地回归到当地人们的日常生活中，并自觉地形成一种常态化、日常化。只有这样，霞浦畲族服饰的生态环境才能成为一个循环不断的"生命活体"，才能从根本上激活霞浦畲族传统服饰文化，并使之永续地传承下去。

三、霞浦畲族服饰的传承途径

霞浦畲族服饰传承的特点，决定了非物质的活态传承是其传承的主要方式。其物质的传承主要通过博物馆等场馆实物收藏、保存，向社会公众进行静态的展示和介绍，扩大霞浦畲族服饰文化的社会影响力和关注度，从而在一定程度上促进其非物质文化遗产的保护与传承。在此就霞浦畲族服饰文化的非物质传承展开探讨。

1. 建立传承人机制

传承人是霞浦畲族服饰能够传递、延续至今的根本原因，对霞浦畲族服饰的传承起到关键的核心作用。传承人的消失，原生态的霞浦畲族服饰文化也将不复存在，尤其在当代的困境下，如果不建立有效的传承人机制，很容易出现传承链的中断。关于传承人机制的建立，并不是一蹴而就的事，必须由当地政府调拨一定的经费，由民俗文化学者经过田野调研，根据霞浦畲族当地的具体情况，制订出相应的可行提案，再以此提案为依据，由当地政府行使行政权力，参照国家相关律法制定完善的适合当地传承人的机制法规，运用行

政法律手段给予霞浦畲族服饰传承人支持和保护，同时也监督其履行应有的责任和义务。韩国的非物质文化遗产传承人机制，值得当地政府借鉴。韩国政府于1962年颁布了《文化财保护法》，根据该法制定了完备的"保有者"认定制度，建立了金字塔式的文化传承人制度，最顶层被授予"保有者"的称号，这些国家级"保有者"不仅能够得到各级政府的大力支持和财政资助，而且还能受到社会大众的尊重。国家给予他们公演、展示会等各种活动及用于研究、扩展技能的全部经费，同时政府还提供每人每月100万韩元（相当于5500元人民币）生活补助及一系列医疗保障，使之衣食无忧。另一方面，法律规定"保有者"要履行每年国内外两次以上的公演任务，同时有义务将技能传授给金字塔尖下两层的人员（"助教""履休者"）。经过四十多年的努力，韩国的非物质文化遗产得到全面的保护和振兴。韩国成功的经验首先在于政府完善的保护政策，调动了民间"保有者"的积极性，使他们在保护过程中传承了珍贵的文化遗产。"保有者"的才艺，也在此过程中商业价值剧增，从而带给当地政府、社会更多的经济回报。

当地政府须多"取经"，结合霞浦畲族的实际状况，尽早建立起完善的传承人机制，不仅能保证霞浦畲族服饰文化的延续不断，而且能提升霞浦县经济、文化等的综合实力，打造出只属于霞浦旅游产业的特色"名片"。

2. 建立畲族生态博物馆

霞浦县政府正全力推进旅游产业的发展，包括打造以"水墨畲乡"崇儒为核心，辐射水门、盐田等乡镇的畲乡生态文化风情体验品质游。霞浦县政府现已投资数百万元，在"国家级历史文化村"溪南半月里进行旅游基础设施的建设，并以此为牵引，加强对畲族文化资源的开发和利用。显而易见，旅游业对霞浦畲族非物质文化遗产的保护和传承起到了积极作用，也是在当代社会背景下必要的传承途径。但它的消极作用也是毋庸置疑的。现实中，有些地方组织，为谋取更高的经济利益，把一些非物质文化遗产简单包装之后当作商品进行出售，当地村民或成为局外人，或成为"帮凶"，从中分得一杯"羹"，严重歪曲了非物质文化遗产的真实性、完整性和原生性。另一方面，有些地方政府主导参与过度，使非物质文化遗产的原生态环境遭到破坏，影响非物质文化在民间的自主传承。

如何避免非物质文化遗产在发展旅游业过程中变味以至于最后流失，建立畲族生态博物馆值得思考和借鉴。生态博物馆最早产生于法国，是一种以村寨社区为单位，没有围墙的"活体博物馆"。法国的《生态博物馆宪章》把生态博物馆定义为："生态博物馆是在一定的地域，由住民参加，把表示在该地域继承的环境和生活方式的自然和文化遗产作为整体，以持久的方法，保障研究、保存、展示、利用功能的文化机构。"建立畲族生态博物馆，必须满足三个方面的要求：第一，场馆必须在畲族村落设置，保存原生态的民俗、文化遗产、自然环境。第二，必须由原住村民参与管理运营。第三，生态博物馆必须在民俗文化学者的指导和政府有关部门的监督下开展各种活动。另外，生态博物馆的建筑样式和风格务必与当地畲族村落一致，须融入当地的文化环境中。中国在贵州、广西等地建立了多座生态博物馆，虽然在发展的过程中存在着很多问题，但总体是朝着好的方向发展。任何新生事物都是不完善的，关键是做事的人如何去解决现实存在的问题。古人云"前车之鉴，后事之师"，建立畲族生态博物馆首先要致力于恢复畲族村落的原生态文化环境，使文化遗产和与之相关的生态环境得到整体的、原真的、活态的保护和保持，营造与旧时畲族古村落相同或接近的文化空间，使其中的民族文化遗产在此空间内自觉地不断传承、延续。这也许要花较长的时间，在这段时间内可能产生不了所谓的"效益"，但这是生态博物馆的核心和根本，是凝聚"民心"的原动力。只有这样，村民才能重新认识到本民族文化的内涵和价值，追本溯源，首先自愿最终自发地参与到生态博物馆的管理和各种活动中，成为畲族文化遗产的传承者和守护者，实现馆与村的融合，畲族传统文化的魅力和价值才能真正凸显出来，霞浦畲族服饰才有世代传承的根基。

反观现代都市的人们，最想游历的就是本真的畲族风情。在调研期间，项目小组成员参观了由霞浦县政府主办的畲族"三月三"节日活动（图6-7）。吃乌米饭、集会对歌、跳火把舞等是畲族"三月三"节日的重要组成部分，虽然政府主观意愿十分积极，但结果却不尽人意，偏离了畲族传统文化的内涵和精神。最重要的原因就是没有追"根"溯"源"，"民心"缺失。如果一个淳朴的畲族少女非要浓妆艳抹，穿着美丽古朴的凤凰装却要佩戴一些廉价而庸俗的珠宝，不伦不类，反而丧失了其原有的审美和价值，最终将变得一文不值，民族文化价值尽失。

霞浦畲族服饰文化遗产的根在古村落，恢复、保持和保护霞浦畲族服饰文化的根源，才能从根本上使霞浦畲族服饰代代传承下去。除此之外，学校教育、现代媒体传播对畲族非物质文化遗产的保护也起到一定的作用。各级政府、学术研究机构和民间团体等与非物质文化遗产有关的部门、机构，在霞浦畲族服饰文化的保护和传承的过程中，要本着实事求是的原则和精神，循序渐进、环环相扣，切忌哗众取宠、急功近利。因地制宜，采取切实可行的措施，积极开展各种活动，有效地保护、传承霞浦畲族服饰文化遗产。这确已迫在眉睫，刻不容缓。

图6-7 "三月三"采风

参考文献

［1］俞郁田. 霞浦畲族志（第一编）［M］. 福州：福建人民出版社，1995.

［2］霞浦县地方志编纂委员会. 霞浦县志［M］. 北京：方志出版社，199：1.

［3］蒋炳钊. 畲族史稿［M］. 福建：厦门大学出版社，1988：96−98.

［4］唐星明：装饰文化论纲［M］. 重庆：重庆大学出版社，2006：60.

［5］蒋风，陈炜. 畲族民间故事选［M］. 上海：上海文艺出版社，1993：48−67.

［6］陈多，叶长海. 中国历代剧论选注［M］. 长沙：湖南文艺出版社，1978：18.

［7］钟雷兴. 闽东畲族文化全书：服饰卷［M］. 北京：民族出版社，2009：3.

［8］潘宏立. 福建畲族服饰类型初探［J］. 福建文博，1987（2）.

［9］施联珠，雷文.畲族历史与文化［M］. 杭州：浙江人民出版社，1995：63，269.

［10］陈国强. 崇儒乡畲族［M］. 福州：福建人民出版社，1993：62−66.

［11］《中国民族文化大观·畲族编》编委会. 中国民族文化大观：畲族编［M］. 北京：民族出版社，1999.

［12］徐莉. 发式形象设计［M］. 北京：中国纺织出版社，2012：14.

［13］邓启耀. 衣装秘语［M］. 成都：四川人民出版社，2005：2−19.

［14］施联朱，蒋炳钊，陈元煦，陈佳荣. 畲族社会历史调查［M］. 福州：福建人民出版社，1984：134.

［15］兀延. 近代齐鲁民间大襟服装的技艺及民俗文化［J］. 纺织学报，2010，31（11）：116−121.

［16］张辛可. 服装缝制工艺大全［M］. 江西：江西美术出版社，2003：21−22.

［17］陈道玲，张竞琼. 近代江南地区民间大襟袄制作工艺［J］. 纺织学报，2012，33（3）：102−107.

［18］郭家骥. 生态文化与可持续发展［M］. 北京：中国书籍出版社，2004.

［19］江金秀. 闽东畲族村落文化遗产的保护：以福建宁德地区霞浦县溪南镇白露坑半月里为例［D］. 豆丁网，2012.

后记
POSTSCRIPT

由于畲族汉化比较严重，根据现有的资料可获取的信息又很少，加之霞浦畲族村民之间基本上用畲语交流，聚居地较分散，致使刚开始做项目调研时，颇费周折。经过几次田野调查后，按照现有的线索顺藤摸瓜，终于使项目调研步入正轨。每一次考察，都获取了许多相关的一手资料和图片，回来后再整理、归纳和分析，并撰写书稿，尽量想把原汁原味的霞浦畲族服饰呈现给读者。经过两年多的时间，书稿得以完成。闽东畲族还包括罗源、福宁两大支系。如果有机缘，还想继续做研究，补齐闽东畲族服饰的资料，使之完整并成体系。在书稿完成过程中，要感谢的人颇多。首先感谢清华大学艺术与科学研究中心柒牌非物质文化遗产研究与保护基金项目的资助，感谢曾凤飞老师的引荐和帮助，感谢霞浦县文体局高局长、霞浦县博物馆雷老师的支持和帮助，感谢溪南镇半月里村民雷其松，感谢半月里、茶岗、大坝、上水畲族村村领导的大力支持与帮助，感谢霞浦畲族做衫师傅钟李发、兰清桃，是你们使霞浦畲族服饰这一非物质文化的核心和精髓得以保留，感谢这一路上热心帮助我的所有人。这本书的顺利出版，离不开你们的帮助。愿这本书能够架起一座桥梁，让更多的人走进霞浦畲族，亲身感受畲族传统服饰及其文化的魅力，让越来越多的人意识到民族非物质文化遗产保护的重要性和必要性。

2016年12月